Congestion and Traffic Safety Security Industry Theory

혼잡·교통유도 경비론

박진용
이재민
김태환
박성면

DY 도서출판 대영문화사

머리말

고도화된 위험사회에서 민간경비의 중요성은 굳이 강조할 필요가 없다.

우리는 일상에서 경비가 작동하는 모습을 아주 쉽게 발견할 수 있다. 거리의 수많은 CCTV, 건물의 출입관리시스템, 각종 시설을 보호하고자 출동한 경비원들, 각종 행사의 안전을 책임지는 안전요원에 이르기까지 민간경비는 보이거나 혹은 보이지 않는 곳에서 국민의 생명과 재산을 지키기 위한 업무를 계속적으로 실행하고 있으며 이러한 민간경비업은 제2의 사회안전망 역할을 톡톡히 하고 있고 그 전체 규모는 점점 더 커지고 있다.

2024년 1월 30일 경비업법의 개정으로 2025년 1월 31일부터 경비업무의 종류에 혼잡·교통유도경비업무가 경비업으로서 시행되게 되었다. 이는 단순히 경비업의 분류를 규정한 조항 중에서 하나가 추가된 의미를 넘어 민간경비의 질적 확대를 가져왔다. 오랜 기간 동안 학계를 비롯한 경비업계에서 교통유도경비제도 도입의 필요성을 제안하고 강조하였으나 입법화가 이루어지지 않고 있다가 2022년 10월 발생한 이태원 참사 사건을 계기로 혼잡상황에서 시민의 안전 확보를 위한 대책 마련이 쟁점화되면서 경비업법의 개정을 통한 대중 밀집상황에서의 혼잡 해소를 위한 민간경비업무의 중요성에 대한 인식의 전환이 비로소 이루어졌고, 교통유도경비제도와 함께 법제화가 이루어지게 되었다.

엄밀한 의미에서 혼잡경비와 교통유도경비 양자는 목적과 대상을 달리한다. 전자의 경우 혼잡 상황에서 일반 시민의 생명과 신체를 보호하는 역할을 하며, 후자는 각종 도로와 인접한 건설현장에서 교통의 원활한 진행을 확보하고 부수적으로 시민의 안전을 보장하기 위한 경비형태를 의미한다. 그러나 우리나라의 경비업법은 이 두 가지의 경비 작용을 동일한 하나의 조항에서 규율하게 되었다. 이에 관하여는 앞으로 진지한 연구와 논의를 거쳐 양자를 구별하는 법률 규정 형식을 취할 필요가 있다.

이 책은 새로 도입된 혼잡·교통유도경비업무에 대한 이해를 돕고 새롭게 도입된 이 제도가 법률적으로, 현실적으로 우리의 경비업 환경에 정착하고 발전하기 위한 방법을 모색하기 위하여 쓰였다.

혼잡경비와 교통유도경비 업무는 경비업법이 규율하고 있는 민간경비의 영역에 속하기 때문에 혼잡·교통유도경비를 이해하기 위해서는 민간경비론에 대한 기본적인 이해가 필요하다.

이 책에서는 제1편에서 민간경비제도의 총론적 내용을 이해하기 위해 경비업법이 다루고 있는 주요 내용을 학습하고 법률적 쟁점과 기본 이론을 정리할 수 있도록 하였다.

제2편에서는 민간경비의 각론으로 민간경비원의 지위 및 경비업운용을 위한 원칙을 충분히 이해할 수 있도록 하였다.

제3편에서는 새롭게 도입된 혼잡·유도경비업무의 내용과 실무 그리고 앞으로 이 제도가 정착하기 위해 필요한 학문적 논의를 담기 위해 노력하였다.

2025년 1월 31일부터 시행되는 개정 경비업법은 현재 법률 시행령이 제정되지 않은 상태로 혼잡·교통유도경비업무가 어떻게 실현될지는 아직은 알 수 없는 상황이다. 이 부분은 차후 개정을 통해 보완할 것을 약속드린다. 이 책의 부족한 부분은 오롯이 저자들의 몫이며 경비업법의 이해에 도움이 된다면 이는 모두 독자들의 학문적 열정에 기인한 결과이다.

어려운 출판 여건 속에서 흔쾌히 출간을 허락해 주신 대영문화사 임춘환 사장님, 임현준 부장님과 꼼꼼한 편집과 교정을 맡아서 해주신 임직원 여러분께 감사의 말씀을 전한다. 이 책이 경비업을 학습하는 학생들에게 작은 도움이 되기를 기원하며 나아가 민간경비업의 지속적인 발전을 기원한다.

2024년 9월 상도동에서

공저자 씀

차례

제 1 편

민간경비 총론

제 1 장

민간경비제도의 이해

제 1 절 민간경비의 이해

1. 경비의 정의

경비(警備, guard)는 통상적으로 어떤 대상을 수호(守護)하거나 사람들의 일상의 모든 영역에서 안전을 확보하는 역할을 의미한다. 우리나라의 민간경비는 「경비업법」[법률 제19021호][1]을 통해 규율

1) 우리나라에서 경비업과 관련된 법률은 1976년 산업시설 · 공공시설 · 사무소 등 기타 경비를 요하는 시설물의 경비업 영위를 위한 「용역경비업법」 제정을 시작으로 1999년 현재의 명칭인 「경비업법」으로 변경되었으며 22

하고 있는데 동법은 경비의 의미를 구체적으로 정의하고 있지 않다. 「경비업법」은 제2조에서 경비업의 종류를 규정하고 있으므로 이를 통해 경비의 법률적 정의를 유추할 수밖에 없다. 법문에 따르면 경비 혹은 경비업이란 대상시설 및 장소에서 도난 · 화재 그 밖의 혼잡 등으로 인한 위험 발생을 방지하고, 운반 중에 있는 재화 등에 대하여 도난 · 화재 등 위험 발생을 방지하는 일, 사람의 생명과 신체에 대한 위해를 방지하고 신변을 보호하는 일, 대상시설에 설치된 기계장치를 통해 위해를 방지하는 일, 국가주요시설에 발생할 수 있는 위험을 방지하는 일 이렇게 5개의 업무 영역을 경비업의 종류로 열거하고 있었다. 그러나 2024년 「경비업법」의 개정을 통해 혼잡 · 교통유도경비업무를 신설 · 추가하면서 법 조문상 업무 영역으로 총 6가지를 두고 있다. 경비업은 기본적으로 사법상 계약을 통하여 업무의 구체적인 내용이 형성되므로 조문에서 언급하고 있는 것들만을 경비업의 대상 영역이라고 볼 수 없다. 즉, 법이 규정한 6가지의 경비 형태는 경비업의 다양한 발현 형태 중 주요 업무를 예시적으로 열거한 것으로 보아야 하며 계약을 통해 구체적인 경비업의 내용이 형성될 수 있다.

「경비업법」의 정의 규정에서 공통적 개념요소를 추출해 보면 경비업무의 객체인 각각의 대상시설이 존재하고 그에 상응하는 대상시설에 대한 경비행위의 태양을 서술하고 있다. 즉 도난, 화재, 혼잡상황, 건설 현장에서 재해 및 재난 발생을 사전적으로 예방하여 시민의 안전을 확보하고, 재화의 멸실 위험을 최소화하는 행위임

여 차례의 법률 개정을 통해 오늘에 이르고 있다.

을 확인할 수 있다. 법적인 의미에서 경비의 영역은 시설, 도로·교통유도, 운반, 신변 경호에 이르기까지 일상생활의 전 영역을 포섭할 수 있고 보호하는 법익은 사회의 안녕과 질서의 유지이다. 경비업 내지 경비산업은 국가의 국민에 대한 기본권 보호 의무를 보조·보완하는 보안(保安)사업이라고 정의할 수 있다.

우리나라의 「경비업법」은 일본 경비업법[2]의 영향을 받았는데 일본 경비업을 살펴보면 시설경비, 교통경비, 운송경비, 신변보호경비의 네 가지[3]로 규정하고 기계보안경비를 다른 항에서 기계경비업[4]으로 규정하고 있는 점에서 우리와는 차이가 있다. 일본은 오래 전부터 교통경비를 주요 경비의 객체로 정하고 있었다. 우리나라는 교통유도경비제도의 도입에 대하여 오랜 연구와 적극적 논의가 있었고 최근의 「경비업법」 개정을 통해서 교통유도경비와 혼잡경비가 추가되면서 「경비업법」의 규율 분야로 입법화되었다.

2) 일본 경비업법(日本國 警備業法)은 1947년 법률 제117호로 제정되었다.

3) 일본 경비업법 제2조에 따르면 경비업무는 (1) 사무실, 주거지, 유흥업소, 주차장, 유원지 등 경비업무 대상시설에서 도난 등의 사고 발생 방지 및 예방을 위한 업무 (2) 사람이나 차량이 붐비는 장소 또는 그러한 사람의 통행에 위험이 있는 장소에서 부상 등의 사고가 발생하지 않도록 보호하고 방지하기 위한 업무 (3) 운송 중 현금, 귀금속, 예술품 등에 관한 도난 등의 사고를 예방하기 위한 업무 (4) 경계범위 인근에 있는 사람의 신체에 위해가 발생하지 않도록 하는 업무로 구별하여 규정하고 있다.

4) 기계보안서비스는 경비업무용 장치[경비 대상시설에 설치된 장치가 감지한 도난 등 사고 발생에 관한 정보를 경비시설 이외의 시설에서 송수신하기 위한 장치(부령으로 정함)]를 말한다(일본 경비업법 제2조 제5항).

2. 경비의 구분

경비는 형식과 목적에 따라 여러 가지로 구별할 수 있지만 일반적으로 경비행위의 주체에 따라 공경비과 민간경비로 분류한다. 두 개념은 국가의 행위와 민간의 행위 영역을 구별하여 국가의 행정행위로부터 사인의 행위를 한계 짓는 역할을 한다는 점에서 구별 실익이 있다. 즉, 전자가 국가·공공단체와 국민 간의 권력관계를 규정하는 공법의 영역이라면, 후자는 개인의 권리와 의무를 규율하는 사법의 영역에 속한다.

1) 공경비

공경비는 경찰행정법상의 개념으로 공공의 안전과 법질서를 유지하는 행정작용[5], 범죄와 재해에 대한 예방, 대비 및 진압을 통해 공공의 안전을 지키는 행정경찰[6]의 역할을 한다. 「경찰관 직무집행법」 제2조[7]에 의하면 국민의 생명·신체 및 재산의 보호를 가장

5) 「경찰관 직무집행법」 제1조 참조.

6) 활동에 따라 우리나라의 경찰작용을 구별하면 국가경찰과 자치경찰, 수사경찰로 나눌 수 있다. 국가적 규모의 사건 처리 등이 국가경찰의 역할이고, 지역주민의 치안업무를 자치경찰이 담당하며, 범죄에 대한 수사를 하는 것이 수사경찰의 업무이다. 대한민국 경찰의 중심은 경찰청과 자치경찰본부이다.

7) 제2조(직무의 범위) 경찰관은 다음 각 호의 직무를 수행한다.
1. 국민의 생명·신체 및 재산의 보호
2. 범죄의 예방·진압 및 수사
2의2. 범죄피해자 보호
3. 경비, 주요 인사(人士) 경호 및 대간첩·대테러 작전 수행
4. 공공안녕에 대한 위험의 예방과 대응을 위한 정보의 수집·작성 및 배포

우선시하고 제3호에서 '경비'라는 단어를 사용하고 있다.

(1) 공경비의 주요 임무

공경비의 주요 임무는 범죄를 예방하고, 범죄를 수사하고 범인을 체포하여, 사회질서를 유지하여 이를 통해 국민의 생명과 신체 및 재산을 보호하는 역할을 하는 것이다.

(2) 공경비의 특징

공경비가 민간경비와 구별되는 특징은 다음과 같다.

① 공경비는 공공성, 공익성, 비영리성을 그 특징으로 한다.

② 공경비는 민간경비와 달리 강제력을 가지고 있으며 이는 법률에 의해 권능이 부여된다.

③ 공경비 활동에 소요되는 비용은 국민의 세금으로 지출된다.

④ 공경비는 특정인에 대한 경비서비스를 제공하지 않으며 국민 모두에게 동등·동종의 치안서비스를 제공한다.

⑤ 국가가 국민을 위해 행하는 활동으로서 헌법으로부터 파생하는 국가의 국민에 대한 보호 의무의 근거가 된다.

2) 민간경비

민간경비(private security)는 현실에서 존재하는 모든 '경비적 행

---

5. 교통 단속과 교통 위해(危害)의 방지
6. 외국 정부기관 및 국제기구와의 국제협력
7. 그 밖에 공공의 안녕과 질서유지

위’에서 공경비를 제외한 것으로 「경비업법」상의 경비행위가 민간경비에 해당한다. 민간경비는 공경비에 대하여 보충성을 띠고 있는데, 이는 민간경비는 공경비인 경찰작용을 보완하기 위한 수단으로서 보충적으로 수행되어야 함을 뜻한다.

민간경비업의 발전은 사회의 다원화 및 새로운 유형의 범죄가 등장하면서 치안환경이 변화되었고 이에 따라 다양한 사회적 위험에 대한 유연하고 신속한 대처가 필요했기 때문이다. 변화하는 치안환경, 새롭게 등장하는 위험원에 대한 보호 수요에 민간경비는 상대적으로 빠른 대응이 가능했고 민간경비에 대한 국민적 인식의 폭이 확대되면서 민간경비업의 급속한 발전을 가져오게 되었다.

민간경비는 경찰작용의 경직성·수동적 성격을 보완하고 다양한 권리 침해 위험으로부터 개인과 집단을 보호하여 사회안전망을 확보하는 데 기여하면서 국가의 안전 목적 달성을 돕는 적극적이고 능동적 역할을 수행할 수 있는 장점이 있다.

(1) 협의와 광의의 개념으로서의 민간경비

협의의 민간경비	광의의 민간경비
좁은 의미의 민간경비는 특정한 의뢰인(대가를 지불한 특정 고객)과 경비업자가 경비 계약을 체결하고 그 내용에 따른 의뢰인 측의 생명과 신체 그리고 재산보호 내지는 질서유지를 위한 의무를 이행하는 안전 확보 및 범죄예방 활동을 의미한다.	넓은 의미의 민간경비는 좁은 의미의 민간경비인 의뢰인 측에 대한 위험 등의 방지를 포함하는 넓은 개념으로서 방범 및 방재활동, 사이버보안, 민간조사업무를 포함하는 경비적 활동 모두를 아우르는 개념이다.

(2) 실질적 의미와 형식적 의미의 민간경비

실질적 의미의 민간경비	형식적 의미의 민간경비
실질적 의미의 민간경비 활동의 본질적 임무에 해당하는 특정한 의뢰자(고객)의 생명과 신체 그리고 재산보호, 사회적 손실감소와 질서유지를 위한 일체의 활동을 포함한다. 이러한 범위에서 경비의 내용은 경찰이 수행하는 경비활동과 본질적으로 큰 차이가 없다. 다만, 경비활동의 주체가 민간과 국가라는 차이만 있을 뿐이다.	형식적 의미의 민간경비는 우리나라 경비업이 규정하고 있는 민간경비를 의미한다. 따라서 「경비업법」이 규정하는 업무(시설경비, 호송경비, 신변보호, 기계경비, 특수경비)로서 법률에 따라 허가받은 법인만이 경비활동을 수행할 수 있다. 형식적 의미의 민간경비 개념에 의하면 경찰과 민간경비는 명확히 구별되고 해당 국가의 입법 형성권의 내용에 따라 업무의 구체적 범위가 정해지며 실질적 의미의 민간경비의 개념과 일치하지 않는다.

(3) 민간경비에 대한 학자별 견해

① Land보고서

민간경찰과 민간경비란 일반적으로 수사경비, 순찰, 경호, 수송을 포함하는 모든 종류의 경비서비스를 제공하는 모든 종류의 민간조직과 개인이라고 정의하고 있다(서진석, 2006: 69-94).

② PSTF의 견해

민간경비란 요금을 지불하는 특정의 고객에 대해 혹은 자기를 고용한 개인이나 조직체에 대해 신체나 재산, 기타 다른 이익을 각종 위해로부터 보호하기 위한 경비관계서비스를 제공하는 개인 및 민간의 기업체와 조직이라고 정의하고 있다(서진석, 2006).

③ Green의 견해

민간경비는 특정 개인, 조직, 시설에 대한 범죄, 손실, 위해의 예방에 기본적으로 종사하는 공적인 법집행기관 이외의 개인, 조직, 서비스이다(서진석, 2006).

④ Bilek의 견해

Bilek에 따르면 민간경비는 여러 가지 위해로부터 개인의 이익이나 생명 및 재산을 보호하기 위하여 특정한 의뢰자에게 경비 및 안전에 관련된 서비스를 사람들로부터 받은 보수에 따라 수행하는 개인 및 단체 그리고 영리기업을 말한다(서진석, 2006).

⑤ Bottem의 견해

민간경비는 범죄, 낭비, 사고, 테러, 비윤리적 행동 등을 통제하는 것이다.

⑥ Scott의 견해

민간경비는 실질적인 면에서 공경찰에 의해 행해지는 활동과 유사하다. 단지 누가 서비스를 제공하였는가와 권한의 정도 차이만 있다.

(4) 민간경비의 주요 임무

① 범죄예방업무

민간경비의 임무 중에서 가장 중요한 범죄억제활동을 의미한다. 공경비의 공백을 보충하는 작용으로서 범죄로부터 개인의 생명과 재산을 지키고 범죄의 현실적 · 잠재적 위험을 사전에 예방 및 통제하는 기능이다. 가장 넓은 영역에서 이루어지고 있다.

② 질서유지업무

질서유지업무는 특정 지역에서 발생할 수 있는 무질서한 상황으로부터 시민의 신체 및 생명에 대한 위험에 효과적으로 대처하기 위한 민간경비 활용으로서 범죄로부터 안전을 확보할 뿐 아니라, 무질서 및 혼란이 야기할 수 있는 군중에 대한 재해 발생 가능성을 해소하고 돌발상황에서 시민의 안전을 확보하는 경비 작용을 의미한다.

③ 위험방지업무

위험방지업무란 절도 및 살인과 같은 범죄에 의한 피해뿐 아니라 자연재해, 화재 등과 같이 재해로 인한 피해를 예방하거나 방지하는 업무를 의미한다.

④ 그 밖에 「경비업법」에서 규정하고 있는 민간경비의 주요 경비업무에는 시설경비, 호송경비, 신변보호, 기계경비, 특수경비가 있다.

(5) 민간경비의 특징

민간경비의 특징은 다음과 같이 정리할 수 있다.

① 민간경비업은 영리성을 가진다. 이 점에서 비영리성을 띠는 경찰작용과 구별된다.

② 계약자, 고용주 등 계약의 주체인 특정인이 경비로 인한 편익을 제공받게 된다. 계약당사자가 아닌 시설의 이용자도 부

수적 · 반사적인 이익을 향유하게 되는 경우가 있으나 이는 비본질적인 경비의 부수적 효과일 뿐이다.

③ 인적 · 물적 특정 대상을 경비하는 것이다. 이 점에서 비배제성을 띠고 공공재의 역할을 하는 경찰활동과 구별된다.

④ 민간경비활동은 범죄에 대해 사전예방적이다. 경비는 잠재적 범죄를 미연에 방지하고 현실적인 위험 발생 가능성의 억제하는 데 초점을 두므로, 범죄의 진압이나 범죄자의 처벌과 같은 사후적 조치를 포함하고 있는 공경비와 차이가 있다.

⑤ 공경비와 달리 업무수행에 있어 한정된 권한을 보유하고 있으며 다양한 제한이 따른다. 이는 각각의 법률에 권한의 행사 범위가 특정된다.

⑥ 민간경비의 발달에 힘입어 현대의 민간경비는 공경비를 보충하며 상호보완적인 관계에 있다.

⑦ 우리나라 법제상 경찰공무원은 민간경비원과의 겸직이 금지되며 영리적인 민간경비 업무를 수행할 수 없다.

(6) 민간경비의 주체

민간경비의 주체는 경비업자로서 그 구체적인 내용은 「경비업법」에 의해 정해진다. 그 내용을 정리하면 다음과 같다.

① 경비업자는 의뢰인으로부터 보수를 받고 경비서비스를 제공하는 개인 혹은 단체를 말한다.

② 우리나라의 「경비업법」은 경비업을 영위하기 위한 자격으로 경비업자가 법인일 것을 요하고 있다.

③ 경찰은 공인(公人)지위를 갖는 데 반해 민간경비원은 사인의 신분이다.

④ 민간경비원은 자연인으로서 법령이 정한 공익적 활동을 할 수 있으나 엄밀한 의미에서 공무의 수행과는 다르며, 준공무원의 지위를 보유하고 있지 않다.

⑤ 민간경비의 비용을 지불하는 주체는 계약자인 의뢰인(고객)이다. 그러나 계약자유의 원칙상 공법인 또는 국가도 민간경비의 계약자인 의뢰인이 될 수 있다.

3. 공경비와 민간경비의 관계

1) 공경비와 민간경비의 공통점

민간경비와 공경비는 모두 범죄를 예방하고 치안을 유지하며 사회질서 유지활동을 하는 점에서 공통점이 있다. 양자는 범죄 발생을 억제하고 국민의 안전과 생명을 보호하는 점에서 국가 및 지역의 사회안전망 확보에 기여하는 활동을 한다.

2) 공경비와 민간경비의 차이점

민간경비와 공경비는 권한, 경비의 대상, 목적 등에서 차이점이 있다.

① 권한

민간경비는 일반인이라는 신분에 의해 제한적인 권한을 가지고 있지만 공경비는 공권력을 행사하는 공무원의 신분으로서 직무 권한의 범위와 내용이 광범위하다.

② 대상

공경비는 일반 시민들을 대상으로 범죄예방, 범죄진압 및 범죄수사를 위한 법집행활동을 실시한다. 그러나 민간경비는 특정한 의뢰자로부터 대가 혹은 보수를 받고 고용주를 위해 범죄예방 및 억제를 위한 범죄예방적 활동을 실시한다.

③ 목적

공경비는 일반시민에게 비영리적인 치안서비스를 제공하는 것이 주요 목적이며 시민과 경찰의 관계는 공법관계이다. 그러나 민간경비는 특정 고객에게 치안서비스를 제공하고 비용을 지급받는 영리를 목적으로 하는 행위이며 사적 자치의 영역, 즉 사법(私法)적 관계를 규율한다.

④ 주체

공경비는 일반적으로 공권력을 가진 공무원인 경찰이 경비행위의 주체이지만 민간경비는 공권력 가지지 못한 사인이 경비원이라는 직업적 신분을 바탕으로 업무를 수행하기 때문에 사인(私人)이 주체가 된다.

구분	공경비	민간경비
대상	일반 시민	고용주
임무	범죄예방과 범죄통제	범죄예방
범위	포괄적 범위	한정된 범위
목표	공공의 이익	사인의 이익
주체	국가	사기업
목적	전 국민의 재산보호 및 신체보호 등의 범죄예방활동과 범죄자 수사, 체포와 같은 범죄진압	개인의 재산보호 및 손해 방지를 위한 범죄예방활동
업무근거	경찰관 직무집행법, 경찰법	경비업법
제약조건	공권력 행사 시 법적 제약이 적음	강제력 행사 시 제약이 많음

4. 민간경비의 한계

현대국가는 법집행에 대한 일반적인 권한을 경찰이 독점적으로 보유하고 있다. 국민의 안전과 질서 유지의 일차적인 책임은 국가로 위임받은 공권력인 경찰이 갖고 있다. 경찰은 헌법과 법률에 따라 권위를 부여받으며 경찰권의 발동과 제한은 엄격하게 법률에 의해 정해져 있다. 그 이유는 공권력의 본질이 합법적인 폭력적 수단을 필연적으로 수반하기 때문에 경우에 따라 국민의 자유와 권리를 억압하는 역할을 할 위험성이 상존하기 때문이다. 치안은 본질적으로 그 누구의 배제를 허용하지 않으며 모든 국민에게 비차별적으로 적용되는 공공재로서의 특성이 있다.

이에 비해 민간경비는 시민들 사이의 사적 계약을 통해 이루어지기 때문에 특정한 의뢰인에게만 서비스가 제공된다. 이러한 점에서 공경비와 민간경비의 이념은 충돌할 가능성이 있는데 극단적으로 민간경비가 공경비를 압도하는 상황이 발생한다면 안전에 대한 불평등이 심화되어 개인의 기본권이 침해되는 결과를 야기할 수 있으며 이 측면에서 민간경비의 한계에 대한 문제가 발생하게 된다.

경찰작용이 적극적 · 공격적으로 범인을 발견 · 제압하여 법을 집행하는 강제력을 행사하는 것이라면, 민간경비의 영역은 소극적 · 방어적인 방법으로 시민의 재해를 예방하는 활동을 의미하게 된다.

제 2 절 민간경비의 이론

1. '경제환원론'적 이론

'경제환원론'적 이론은 특정한 현상을 설명함에 있어서 그 현상이 경제와 직접적으로는 무관한 성격을 갖고 있음에도 불구하고 주요 원인을 경제문제에서 찾으려는 입장을 취한다(이상원 · 박주현, 2007: 305-326).

이 이론은 민간경비 시장의 성장이 범죄의 증가에 따른 직접적 대응이라는 주장에 전제를 두고 있으며, 범죄 증가의 원인을 실업의 증가와 같은 경제 상태에서 찾는다(이상원 · 박주현, 2007).

2. 공동화이론

공동화이론은 사회적으로 경찰관에게 부여된 기능과 역할인 범죄예방이나 범죄통제와 같은 서비스를 제공할 수 있는 능력, 즉 인적·물적 측면들이 환경적 요인을 통해 감소됨으로써 생겨난 '공동상태(빈 상태)'를 민간경비가 메워준다는 주장을 기본적 전제로 논리를 풀어나간다(이상원·박주현, 2007).

이 이론에 따르면 경찰과 민간경비는 갈등관계나 경쟁관계에 있는 것이 아니라 상호보완적·역할분담적 관계를 갖는다고 본다.

3. 이익집단이론

이익집단이론에 따르면 한 사회 내에 존재하는 많은 이익집단들은 그들의 이익을 최대화하기 위해 행위하게 되는데 이와 유사한 방식으로 민간경비도 자신의 집단적 이익을 실현하기 위해서 규모를 팽창시키고, 새로운 규율과 제도를 창출시키는 등의 노력을 한다는 것이다(이상원·박주현, 2007).

민간경비의 양적 성장은 초기 단계에서 일어나는 현상이며, 궁극적으로는 이익집단으로서의 내부 결속과 제도화 그리고 조직화의 결과 세력과 입지를 강화하게 된다는 것이 주요 내용이다(이상원·박주현, 2007).

4. 수익자부담이론

자본주의 사회에서는 개인의 재산 보호 또는 범죄로 인한 신체적 피해로부터의 보호를 결국 개인의 부담에 의해 담보 받을 수밖에 없다는 입장이 바로 수익자부담이론이다(이상원 · 박주현, 2007).

즉, 영리를 목적으로 하는 자본주의 사회에 있어 경찰의 공권력 작용은 원칙적으로 거시적 측면에서 질서유지나 체제수호 등과 같은 최소한의 기능적 역할로 한정하고, 사회구성원 개개인의 차원이나 집단과 조직, 회사 차원 등의 안전과 보호를 해당 개인이나 조직이 담당하여야 한다는 인식에 기초를 두고 국가와 개인의 역할을 분담하여 고유한 기능적 행위를 통해 역할분담이 이루어진다는 것을 이론적 근거로 한다(이상원 · 박주현, 2007).

5. 치안서비스 공동생산이론

치안서비스 공동생산이론이란 민간부분의 풍부한 인적 · 물적 자원을 보다 효율적으로 활용하면, 다양한 서비스를 제공할 수 있을 뿐만 아니라 전통적인 치안을 담당하고 있는 경찰과의 협력을 통해서 사회의 질서유지를 더욱 효율적으로 할 수 있다는 주장이다(이상원 · 박주현, 2007).

경찰의 축적된 치안경험과 민간부분의 유연성이 결합되어 협력적 상승효과를 가져올 수 있다는 관점에서 경찰과 민간부분의 공동 치안서비스를 제공하게 되면 전체적인 편익이 증대한다는 입장으로, 치안서비스의 공동생산이 가능하다는 이론적 접근 방식이다.

6. 민영화이론

민영화란 활동이나 자산 소유에 있어 정부의 역할을 줄이고 민간의 역할을 증대시키는 활동을 말한다. 즉, 국가가 전적으로 관리를 하고 있던 상수도, 교정시설, 도로청소, 가로수정리, 선박수리, 기간통신사, 국책은행 등을 민간에 매각하여 공기업이 가지고 있는 경직성과 비효율성을 극복하고 경쟁시스템 안에서 경쟁력을 확보하고자 하는 정책적 흐름을 의미한다. 국가가 전유하는 치안 서비스의 일부를 민간에 이양함으로써 경쟁력을 확보하고자 하는 방식이라는 점에서 치안서비스 공동생산이론과 유사성이 있다. 그러나 치안서비스 공동생산이론은 민간이 스스로 공공의 부분에 참여하도록 하는 점에서 민영화이론과는 방향적 차이가 있다.

이 이론에 따르면 정부의 비용 절약, 경제적 자산구조 확장, 소득재분배 등의 효과를 도모할 수 있다고 본다. 민영화이론에 대하여는 뒤에서 좀 더 자세히 설명하고자 한다.

제 3 절 민간경비의 발달

1. 신자유주의의 등장과 민간경비의 발달

민간경비의 발달은 국가의 일부 기능을 민간으로 이전하여 경쟁력을 확보하고 비용을 절감하고자 하는 이른바 작지만 나은 정부

(smaller but better government)를 추구했던 신자유주의적 사상적 조류에 기인한다. '신자유주의'의 경향성을 한마디로 정의할 수 없으나 무수한 정보가 난무하는 시장 통제에 대해 부정적인 시각을 가지고 있으며, 중앙집권화된 정부의 위험성을 지적하면서 정부로부터 비롯된 여러 가지 규제를 축소하고 사적 자치를 중시하고자 하는 경향을 의미한다.

민영화(민간화, privatization)란 정부가 수행해 온 공공의 재화와 서비스의 공급 및 운영권과 책임을 민간부문에 이전하는 것으로 국가, 지방자치단체 또는 공공단체가 직접 생산·운영하던 운영시스템을 민간에 담당시킴으로써 경쟁을 통한 경제적 효율성의 증진을 추구하고 정부의 규모와 정부역할의 범위를 축소시키는 것을 의미한다. 이는 신자유주의 사상의 확산에 따라 적자재정 누적과 비효율적인 거시경제 운용 그리고 고실업 등으로 집약될 수 있는 이른바 복지 과잉 현상에 대한 비판 속에서 서구의 신보수주의 정당들의 정부 주도하에 본격적으로 전개되면서 공공서비스기관의 탈국유화(denationalization)로 구현되었다(이영균 외, 2023: 422).

민간경비의 영역을 사적인 영역으로 이전하여 공공안전유지에 드는 국가의 비용을 줄이고 정치권력의 자기제한을 통해 시민의 폭넓은 권리를 보장한다는 목적에서 진행되었다. 다시 말해서 국가 공권력의 임무나 그 기능을 최대한 축소하고 개인, 회사, 집단이나 조직 등의 위험원에 대한 안전과 보호는 그 이익을 향유하는 주체 스스로가 해결한다는 수익자부담 모델과 결합하여 경찰작용 축소의 근거를 제공하였고 이에 따라 민간 영역이 경찰작용의 일부 영역을 담당하게 되었다.

2. 민간경비의 한계

시대 변화에 따른 민간경비업의 다양한 발전에도 불구하고 민간경비는 무한하게 확대될 수 없는 본질적 한계가 있다. 그 이유는 국민의 안전을 지키는 기본권의 보장이 법치주의 국가의 우선적 의무이기 때문이며, 헌법적 요청을 통해 그 내용과 한계가 형성되기 때문이다.

안보는 국가 존속의 중추적인 기능이며, 국민의 생명과 신체의 안전을 보호해야 할 국가의 주요 의무로서 공동체의 존속과 번영에 중대한 역할을 한다. 그러므로 국민들이 선택의 영역을 무한정 확대하여 소비자 민주주의를 확립하겠다는 주장이 무한정 인정된다면 헌법질서가 추구하는 자유권의 영역을 벗어나게 된다. 만약에 민간경비의 재량이 무한정 확대될 경우 기본권의 보호영역이 형해화되고 경제적 자유권 및 직업의 자유영역이 확대된다. 또한 안보영역에서 자유경쟁이 이루어진다면 책임의식이 저하 내지는 결여될 가능성이 있다. 결국 사회구성원들은 더욱 더 저렴한 경비상품을 찾게 되면서 경비업의 질이 하락하고 국가 전체의 사회적 안전망이 약화되어 치안의 목적을 달성하지 못하게 될 가능성이 있다.

행정권이 더 많은 권한을 시장에 이양할수록 그 결과는 공권력의 약화로 이어지게 된다. 민간경비업의 특성으로 인해 빈부의 격차에 따라 본질적으로 다른 서비스가 제공될 경우 안전의 불평등이 심화되고 비효율성 경쟁이 이루어져 공동체의 질서를 위협할 가능성을 내포하므로 민간경비는 고유한 내재적 한계가 있다고 본다.

3. 개인정보의 보호와 민간경비

우리나라 헌법은 모든 국민에게 사생활의 비밀의 자유를 침해받지 않을 자유를 보장하고 있으며(헌법 제17조) 그 의미는 소극적으로는 인격적 존재로서의 인간이 그의 사적(私的)인 일들과 사생활의 내용을 공개 당하지 아니하고, 적극적으로는 자신이 원하는 대로 자유롭게 활동하고 생활해 가는 것을 침해 또는 간섭받지 않도록 하려는 것이다(이재상, 2015: 445-471). 사생활의 비밀과 자유를 구체화한 「개인정보 보호법」은 개인의 자유와 권리를 보호하고 존엄성과 가치 구현을 입법 목적으로 하고 있으며 부정한 방법을 통해 타인의 개인정보를 확보하는 행위는 형사처분의 대상이 될 수 있다.

경비업자 및 경비원은 직업적·업무적 특성상 타인의 민감한 개인정보를 다루게 되므로 타인의 명예를 존중하고 사생활의 비밀과 자유를 보호해야 할 책임이 있다. 경비업을 수행하는 데 있어서 수집된 개인의 정보, 프라이버시 및 정보 보안의 유지와 같은 사회적 책임을 다하여야 하며 이에 대한 내용을 경비업자와 경비원 모두 충분히 인지해야 한다. 경비업의 업무는 공공성이라는 가치를 포함하고 있으므로 기본적인 법률에 대한 이해와 함께 준법의식을 보유해야 한다. 민간경비업이 지켜야 할 의무는 성문의 법률인 「경비업법」을 통해 그 내용이 형성되며 경비업무가 종료된 이후에도 지속적으로 이미 취득한 개인의 정보에 관한 보호 의무의 준수가 요구된다.

4. 민간경비의 법적 근거

현대사회에서의 재난은 과학기술의 발달로 이루어 놓은 문명에 대한 가공할 만한 대량의 파괴로 나타나지만(정극원, 2011: 336) 재해는 국가의 과학기술 수준과 피해를 최소화할 수 있는 위험원 통제능력에 따라 방지할 수 있는 위난의 영역에 존재할 수 있다. 이는 사회적 환경의 차이에 따라 재해의 총량, 즉 피해의 규모가 다르게 나타남을 의미한다. 국가의 입법행위와 행정작용은 위험과 재난으로부터 국민의 생명과 신체의 안전 그리고 재산권과 같은 기본권을 보호할 의무가 있으므로 다양한 위험상황에 효율적으로 대응할 수 있는 법적 체계를 갖추어야 한다.

1) 국가의 기본권 보호 의무

국가의 존립 목적에 관해 우리 헌법은 국가에 의한 기본권의 보호 의무 실현에 두고 있고, 기본권의 보호 의무는 사업자로부터 이용자 또는 소비자의 생명과 자유 및 재산권이 침해받지 않도록 하는 데 목적이 있다(이종영, 2006: 33).

헌법 전문(前文)은 "우리들과 우리들의 자손의 안전과 자유와 행복을 영원히 확보할 것을 다짐하면서"라고 쓰고 있고, 헌법 제34조 제6항은 "국가는 재해를 예방하고 그 위험으로부터 국민을 보호하기 위하여 노력하여야 한다"라고 규정하고 있다.

국가의 과제는 한편으로는 기본권 주체의 주관적인 보호 요구를 충족시켜 주고, 다른 한편으로는 기본권의 객관적인 보호 요구를 충족시켜 주면서, 국가공동체의 존속을 위해 안전(安全)을 수호하는 데 그 목적이 있다. 헌법은 국민의 안전에 대한 실정법적 규정을 두고 있지는 않지만 국민의 권리와 자유를 보장하는 헌법국가는 기본권 보장의 전제조건인 안전이 보장되어야 가능하다고 볼 수 있다. 안전은 인권의 전제이자 기본권 보장의 선결 조건으로서 명시되지 않은 국가의 기본적 과제이며 자유롭고 민주적인 헌법국가의 조성은 국민의 국가에 대한 신뢰에 기초하고 있기 때문에 국가의 의무로서 국민의 안전 보장은 기본권 보호 의무를 이행하기 위한 전제이자 실질적 의미의 헌법[8]으로서 작용한다.

자유주의를 존중하는 시각에서 국가는 국민의 생명·건강·자유 및 재산권을 다른 사인에 의한 폭력적이거나 악의적인 침해로부터 보호할 의무를 지며, 이러한 의무 이행이 바로 국가 존립의 정당성이기도 하다(이종영, 2010: 311). 이렇듯 국민의 생명·건강 및 재산권 보호를 위하여 국가에 물리적 강제력과 권력이 독점되는 국가권력독점주의를 우리 현행 헌법은 채택하고 있다(이종영, 2010).

8) '실질적 의미의 헌법'이란 그 존재 형식과는 관계없이 국가질서의 기본구조, 국민의 기본적 인권, 국가권력의 근본조직과 작용에 관한 규범을 의미한다.

2) 국가의 국민에 대한 안전 보장의 의무

안전은 헌법국가의 존속을 위한 필수적 전제조건이고 국가는 자신의 목적으로 국민의 안전을 보장해야 하는 의무를 부여받고 있다. 이에 따라 공공의 안녕과 질서에 대한 위험을 방지하기 위해 일반 통치권의 행사로서 전체 국민에 대하여 공공의 이익을 위한 명령 등을 강제하는 경찰제도를 고안해 냈다. 행정작용으로서의 경찰은 기본적으로 개인의 기본권을 제한[9]하는 작용이지만 국민의 신체·생명·자유·재산 등 개인의 권리보호, 객관적 법질서의 유지, 국가의 존속과 그의 시설 및 기능보호를 통해 원만한 공동생활을 위한 전제조건을 형성하는 작용이다. 경찰의 본질이 강제력을 전제한 행위, 즉 국민의 자유와 상충될 수 있는 침익성 때문에 경찰권의 발동에는 법치행정의 원칙에 따른 법률유보가 엄격하게 요청된다. 그러므로 법률의 규정에 따라 경찰행정작용이 예정되어 있는 경우에는 반드시 행사되어야 하며 비례의 원칙[10]을 준수해야 하는 한계가 있다. 이를 위반한 경우에는 「경찰관 직무집행법」[11] 등에 의해 처벌될 수 있다.

---

9) 경찰권은 권력적이고 침익적인 작용을 주된 수단으로 사용한다. 그래서 법률유보의 원칙에 따라 경찰권 발동에는 엄격한 법률적 근거가 필요하며 헌법은 제37조 제2항을 두어 모든 국민의 자유와 권리는 질서유지를 위하여 법률로써 제한할 수 있도록 규정하고 있다.

10) 경찰 비례의 원칙이란 경찰권의 발동은 공공의 안녕과 질서유지를 위해 필요한 최소한의 범위 내에서 이루어져야 하는 원칙이며 수단의 적합성, 피해의 최소성, 법익의 균형성을 각 단계에서 고려해야 한다.

11) 「경찰관 직무집행법」 제12조는 경찰관의 의무를 위반하거나 직권을 남용하여 다른 사람에게 해를 끼치는 경우 처벌규정을 두고 있다.

3) 보충적 작용으로서 민간경비의 발달

현대적 의미의 경찰작용이 19세기 말부터 20세기 초에 걸쳐 유럽과 미국에서 이루어진 사회적 변화, 즉 산업화와 도시화로 인한 인구의 증가와 범죄율의 상승 때문이었듯 1980년대의 사회 변화는 작은 정부론, 공공부분의 축소라는 이른바 신자유주의가 제창되면서 일부 경찰작용의 민간경비업으로 이전이 이루어졌다. 우리나라의 경우에는 1962년 제3공화국의 출범 이후 급속한 경제개발에 따라 경찰 인력의 부족을 겪게 되면서 국가기관, 국영기업체, 은행, 방위산업체와 같은 중요시설물에 대한 안전 확보를 위해 청원경찰제도[12]를 도입하게 되었다.

현재 청원경찰의 신분은 법률적으로 경찰관의 직무를 수행하는 공무원이 아닌 자로서 소속기관을 통해 선발되며 공무원에 준한 봉급 및 호봉을 받는 특수성이 있다. 즉, 경찰과 민간경비 사이에 존재하는 특수한 위치에 있다.

12) 청원경찰제도의 도입은 우리나라의 분단상황이라는 특수성에도 기인하는데 1960년대 남북대치상황에서 기관장이 보수 등 비용부담을 전제로 경찰권을 행사할 수 있는 준경찰권을 허용한 특별한 제도로 적대적 세력의 공격에 대하여 국가중요시설을 '방호'하는 준군사적 성격을 갖고 있었다. 비교법적으로는 일본이 한때 운영하였던 '청원순사제도'를 우리 상황에 적용한 것으로 볼 수 있다.

제 4 절 각국의 민간경비

세계 각 나라의 민간경비업은 지역사회를 중심으로 치안의 요구에 따라 다양한 방식으로 발전했다. 미국의 민간경비에 대한 정의는 다양하다. 미국의 Rand보고서에 의하면 민간경비(private security)는 '수사, 경비, 순찰, 경보, 호송 등 모든 종류의 보안서비스를 제공하는 민간조직과 개인'으로 정의하고 있고, 민간경비특별위원회(Private Security Task Force: PSTF)는 민간경비를 '비용을 지급하는 특정의 고객 또는 계약을 체결한 개인이나 조직에 대해 각종 위험으로부터 신체, 재산, 기타 다른 이익을 보호하기 위한 보안서비스를 제공하는 개인 및 민간기업체와 조직의 활동'이라고 정의하고 있다. 민간경비에 대한 정의는 우리나라와 큰 차이 없으며 사인 간의 계약에 의해 신체, 재산 등의 이익을 보호하는 용역서비스임을 확인할 수 있다.

이 절에서는 민간경비의 발달 과정, 즉 고대 민간경비에서부터 근대 영미법계와 대륙법계 국가의 민간경비의 제도화 그리고 현재 민간경비의 운용상의 특징과 관련 사법제도에 대하여 살펴보고자 한다.

1. 고대 민간경비

군집 사회를 이루게 된 고대 원시시대에는 주변의 위해적 자연 환경으로부터 자신과 종족을 보호하는 생존의 수단으로서 경비활동을 시작하게 되었다. 고대 문헌이나 성경에서 야간감시자(Night Watchman), 경비원(Guard)과 같은 단어의 유래를 통해 볼 때 안전을 확보할 수 있는 집단적 보호체계가 시작되었음을 유추할 수 있다.

1) 고대 바빌로니아 시대의 민간경비

기원전 1792년경 고대 바빌로니아의 세계 최초의 성문 법전인 함무라비 법전[13]은 사법(私法)의 영역에서 법기술적인 규정을 발달시켰다. 법전에 의하면 사유재산제도가 인정되어 소유권에 관한 규정이 존재하였으며, 계약과 청구권의 개념이 있었다. 국왕에 대한 용병의 의무에 관련된 규정을 통하여 당시 다양한 영역에서 국가에 의한 법집행이 이루어졌으며 타인에 대한 권리침해의 개념을 알고 있었으며 손해에 대한 불법행위 책임이 존재했음을 알 수 있다. 생각건대 이때부터 정착생활을 통한 사회가 형성되었고 국가의 존속을 위한 법치가 시작되었으며 국가의 보전으로부터 사유재산이 인정되었다. 이에 따라 국가경비로부터 재산권을 보호하기 위한 개인 차원의 민간경비의 개념이 분리되기 시작하였다고 평가

13) 함무라비 법전(Code of Hammurabi)은 기원전 1792년부터 1750년까지 바빌론을 통치한 함무라비 왕이 반포한 고대 바빌로니아의 법전이다.

할 수 있다.

2) 초기 그리스 도시 국가

지중해 세계의 최초의 도시는 다수의 씨족이나 부족이 공동방어를 위하여 성채를 건설하면서 시작되었다. 이러한 요새들을 전시 피난지 혹은 공동회합과 정기적 축제, 집단 종교의식 등을 거행하는 장소로도 용도가 확장되었고 각 부족이 하나의 단일한 공동체로서 정체성을 형성하면서 도시 공동체, 즉 도시 국가를 형성하였다. 그리스 도시 국가에서는 도시라는 의미의 폴리스(polis)가 모든 행정을 의미함과 동시에 치안서비스 제공을 의미하였다. 따라서 도시 국가 내에서 실시된 경비 개념은 사회 차원의 공공개념으로 확대·발전해 나갔다.

그리스 도시 국가 중에 하나인 스파르타(Sparta)에서는 법을 집행하기 위한 치안책임자를 임명하는 제도에서 최초의 공경비 조직이 발생하였다고 추정할 수 있는데 이는 국가경찰제도의 맹아가 싹트기 시작한 것으로 보인다.

3) 고대 로마

로마시대 역사상 가장 훌륭하였다고 하는 통치자 아우구스투스 황제는 그의 선임자였던 시저가 브루투스에게 살해되는 것을 보고 적의 공격에 대해 두려움을 느끼고 자신의 신변보호 및 재산보호를 위하여 민간경비원들을 고용하였다. 고대 로마시대에는 사병제도가 성행하였고, 이들은 사병업무를 수행함과 동시에 민간경비업무뿐만 아니라 민간조사원제도도 동시에 시행하는 다양한 업무를 수행하였다.

또한 야간에 발생하는 범죄를 예방하기 위해 자경단원이라고 불리우는 수천 명의 비무장 군대를 각 관할 구역의 질서유지를 위해서 임명하였는데 이를 역사상 최초의 비무장 수도경찰로 보기도 한다.

4) 고대 민간경비의 특징

고대 문헌에 따르면 국왕 혹은 강력한 군인 정치가들의 등장으로 직업군인은 사병과 함께 공존하였다. 재산을 축적한 개인은 안전 확보를 위해 치안서비스를 실시하는 조직이 있었고 이러한 조직을 이용하였다. 인류의 역사상 국방과 함께 경비는 개인의 생명과 재산을 보호하는 가장 기본적인 활동 중에 하나였으며 역사의 발전 과정을 볼 때 공경비보다는 민간경비가 우선적으로 시작되었다는 것을 추론할 수 있다. 당시에는 경찰과 군인의 업무가 분화되지 않았으나 이러한 전통이 현대 민간경비제도의 초석으로 작용했다는 사실을 알 수 있다.

2. 영미법계 국가의 민간경비 산업

영미의 민간경비원은 유니폼, 배지 및 무기와 같은 '물리적 도구', 언어적 기술과 같은 '개인적 도구', '법적 도구'를 기반으로 요청된 업무수행을 위해 다양한 수단(toolkit)을 사용할 수 있다. 이들은 체포 가능한 범죄가 발생했을 때 시민을 체포하거나 범죄 발생을 막기 위해 합리적인 무력을 사용할 수 있는 권리와 같은 보편적 권리를 가지고 있다. 일부 민간경비원은 고용 계약 또는 기타 계약의 조건에 따른 추가적인 권리를 부여받기도 한다. 예를 들면 대상시설에 대한 출입을 통제하고 수색 요구 등 출입에 조건을 붙일 권리, 특정인을 퇴거시킬 권리가 포함된다(Button, 2003: 230).

1) 영국의 민간경비

(1) 영국 민간경비업의 발달

영국에서는 중세 법집행과 공동체 보호에 대한 공동체적 책임의 강제 시스템이 존재했었고 '경찰'이란 단어를 사용하게 된 것은 1707년, 스코틀랜드의 에딘버러(Edinburgh Town Guard)에서였다고 한다. 1829년 광역경찰법이 처음 통과되기 전까지 영국의 치안은 선출된 교구경찰(Parish constable)이, 그 이후로는 치안판사(Justice of the peace, Magistrate)가 담당하고 있었다. 1748년 치안판사에 임명된 헨리 필딩(Henry Fielding)이 1753년에 영국 최초의 경찰 조직인 보우가의 주자(Bow Street Runner)를 도입하였으며 이를 현대적 의미에서 경찰의 시초로 평가하고 있다.

현대의 모습과 유사한 민간경비는 영국을 중심으로 유럽에서 시작되었는데 영국의 경우 사설 경찰활동이 먼저 발달하면서 공적인 경찰제도로 이어지게 되었다고 볼 수 있다. 사상적으로는 17세기 루소가 『사회계약설(社會契約說)』을 주장하였던 것처럼 사회질서의 유지를 위해서 강력한 국가의 필요성이 대두되었으며, 경찰활동은 이러한 사회계약을 이행하는 수단으로서 도입되었다. 18세기 초 산업혁명을 겪은 영국은 경제 규모의 확대에 따라 도시에 인구가 집중되면서 재산범죄 발생이 급증하였으나 이를 통제하기에 충분한 공권력 체계는 확립되어 있지 않았고 1811년 러다이트 운동(Luddite Movement)14)이 벌어지면서 공장 및 기업을 운영하는 산업자본가들은 자신들의 재산을 보호하기 위해 민간경비원을 채용하는 등 다양한 형태의 민간경비제도가 발전하기 시작하였다.

(2) 영국 민간경비업의 운영체계

영국에서 민간경비산업을 규제하는 관청은 민간경비산업위원회(Security Industry Authority: SIA)인데 영국의 '민간경비업법(Private Security Industry Act 2001)'에 근거해 2003년 설립된 독립기관으로서 제반 사항에 대해 내무부장관(Home Secretary)에게 보고하도록 되어 있다(이성기 · 김학경, 2012: 85-115). 내무부(Home Office)가 민간경비산업위원회에 재정지원을 하고 있으며 이에 따라서 영국의 민간경비산업은 내무부장관의 일반적 지휘권하에 있으며 주어진 명령에 따를 의무가 있다(민간경비업법 제2조). 민간경비산업위원회는 잉글랜드와 웨일즈뿐만 아니라 스코틀랜드, 북아일랜드의 민간경비산업도 규제하고 있다(이성기 · 김학경, 2012: 85-115).

민간경비산업위원회의 가장 큰 목적 두 가지는 민간경비산업의 의무적 자격증(Compulsory Licensing)을 부여하고 자체적인 기준에

14) 러다이트 운동(Luddite Movement)은 1811~1817년에 일어난 기계 파괴 운동이다. 당시 방직기의 발명이 노동자의 일거리를 줄인다는 생각이 배경이 되었다.

따라 민간경비업자를 평가하는 자발적인 인증계약자제도(Approved Contractor Scheme: ACS)를 관리하는 것이다. 세부적인 목표로는 민간경비산업에서의 범죄 감소, 자격기준 향상, 민간경비업법에 대한 심사 등이 있다(이성기 · 김학경, 2012).

영국의 민간경비업법에 규정된 자격증의 종류는 ① 현금 및 귀중품 호송(Cash & Valuables in Transit), ② 신변경비(Close Protection), ③ 출입감시(Door Supervisors), ④ 시정장치 관리(Key Holding), ⑤ CCTV의 모니터링 등을 담당하는 공적공간경비(Public Space Surveillance(CCTV)), ⑥ 일반경비(Security Guarding), ⑦ 차량에 대한 경비 등 크게 7가지 분야로 나뉘며 혼잡경비 내지는 교통경비에 대한 자격기준은 따로 마련되어 있지 않다.

(3) 영국의 민간경비제도

① 규환제도(Hue and Cry)

ⓐ **개인 차원의 경비 개념**: 모든 사람은 자신의 행동뿐만 아니라 이웃의 행동에 대해서도 그 책임이 있다고 명시하고, 범죄가 발생하면 고함을 지르고 사람을 모아 그 지역에 침범한 범죄자를 추적하는 것이 시민 각자의 임무였다. 만일 범죄자를 체포하지 못하면 모든 사람에게 국왕으로부터 벌금이 부과되었다.

ⓑ **규환제도의 개념**: 개인과 집단이 치안에 대해 공동책임을 진 것으로 인식되어 건장한 모든 사람들은 범법자 체포에 참여해야 했는데, 이러한 의도는 현대사회의 현행범체포와 유사한 방식으로 보인다.

ⓒ **민선행정관제도:** 노르망디의 군주인 윌리엄(William)이 각 도시의 치안질서를 유지하기 위해서 군인이면서 재판관인 주장관(Shire-reeve)을 임명하였고, 이는 지금의 Sheriff(국가 또는 주의 치안행정을 집행하는 민선행정관) 제도를 탄생시켰으며 법을 집행하는 임무를 수행하는 사람을 경관(Constables)이라 불렀다.

② 헨리 국왕의 법령

헨리 국왕의 법령(Legis Henrici, 이하 헨리시법)은 원칙적으로 어떠한 범죄도 더 이상 개인에 대한 위법이 아니라 국왕의 평화에 대한 도전이라 명시하고 있다. 헨리 국왕의 법령은 중죄(Felon)와 경범죄(Misdemeanor)에 대한 법률적인 구분을 내렸다는 점에서 큰 의의가 있다. 헨리시법은 경찰이 국가의 기관으로서 더 이상 사립경찰로서의 활동을 하지 않는다는 중요한 의미를 지니게 되었으며 국왕의 평화에 대한 의지를 침해하는 것은 곧 범법자로 간주되어 추방 · 징역으로 처벌시킬 수 있는 위법행위로 규정되게 되었다.

'국왕의 평화에 대한 의지'를 강화하기 위해 추방에 대한 의사결정을 내리는 데 있어 사회는 반사회적 행위, 부당행위의 처벌 방법 등에 대해서 명문화하기 시작했다.

③ 주야 감시 시대

주야 감시 시대(Watch and Ward Period)는 영국의 16세기부터 19세기까지로 경제침체, 사회불안이 범죄의 증가로 이어지던 시기이다. 법의 집행이 개인으로부터 국왕의 권능으로 이전되면서 국왕은 주보안관(Sheriff)의 무능함을 견제하기 위하여 치안판사직을 신설하게 되었다. 그러나 급속한 범죄의 증가에 대하여 정부는 치안

불안상태를 해소할 충분한 능력이 없었기 때문에 다시 민간경비기관이 발달하게 되었다. 당시 민간경비기관의 활동은 주로 은행의 경비원, 상인들의 고용인, 사업장소의 야간 감시원 등으로 일하면서 범죄사실에 대한 제재를 가하는 것이 아닌 상인들의 도난당한 재산을 회수하는 역할을 수행하였다. 이러한 민간경비인의 고용이 영국에서 사설탐정의 발달을 가져오는 계기가 되었다.

17세기 중엽 영국 역사상 유일한 공화정부 잉글랜드 공화국을 열었던 크롬웰(Oliver Cromwell)은 강력한 중앙정부가 지방정부를 통제하게 하여 영국의 경찰모델 형성에 영향을 주었으나 크롬웰의 이 계획은 시민들의 반발에 부딪혀 좌절되고 지역 단위의 관구경찰제도가 부활되었다.

④ 보우가의 주자

1748년 헨리 필딩(Henry Fielding)이 보우가(街)의 행정장관으로 임명되면서 불안한 보우가의 치안을 해소하기 위해 시민들 중 지원자를 모집하여 범죄예방 조직을 만들었다. 헨리는 이들에게 봉사에 대한 보수를 지급하였으며 보우가의 주자(The Bow Street Runner)로 알려지게 되었다.

이들은 신속한 범죄수사와 도난당한 재산의 성공적인 회수활동 등 열정적인 활동으로 명성을 얻게 되었으며 최초의 형사기동대로 알려지게 되었다. 이는 1839년에 수도경찰로 흡수되어 현대적 의미의 국가경찰로 평가된다. 이 당시에는 교구경찰제도가 시행되었는데 그들의 활동 범위는 교회 구역 내로 한정되었을 뿐이었다.

⑤ 산업혁명 후 민간경비업체의 출현

1800년대 산업혁명의 중심이었던 영국은 급속한 산업화와 함께 절도범죄, 장물범죄 등의 범죄홍수에 시달리게 되었다. 인구의 도시 집중으로 각종 범죄가 급증하고 위조화폐 공장이 들어서는 등 지역 관구경찰의 활동으로는 범죄를 억제할 여력이 없었다. 템즈리버 경찰(The Thames River Police), 보우가의 주자, 감시인과 경비원, 산업경찰, 특수경찰, 관구경찰이 각각 등장하였지만 치안 불안을 해소할 수 없었고 사설 탐정기관이 발달하면서 민간경비와 공경비의 공조가 이루어지게 되었다.

⑥ 현대적 의미의 경찰 조직의 등장

패트릭 콜크혼(Patrick Colquhoun)은 런던의 가장 효과적인 범죄예방활동을 위해 영국경찰조직을 만들어야 한다고 주장하였으며 내무부장관이었던 로버트 필(Robert Peel)은 "범죄문제를 해결하는데 있어서 책임이 분리되어서는 훌륭한 경찰활동을 조직적으로 운용할 수 없다"고 주장하면서 1829년 수도경찰법을 의회에 제출하여 영국 수도경찰을 창설하였다. 이로써 교구경찰, 주야간경비대, 수상경찰, 보우가경찰 등이 하나의 경찰조직으로 통합되었고 이는 현대적 경찰조직 설립의 시초가 되었다.

2) 미국의 민간경비

(1) 미국 민간경비업의 역사

미국에서의 민간경비는 수백 년 동안 존재해 왔다. 현대적 의미의 공공경찰은 19세기 유럽에서 비로소 시작되었으며 그 이전의 수사, 추적 및 체포를 포함한 법집행활동은 사실상 민간에 의해 수행되었다. 앵글로색슨이 영국에 정착했을 때, 그들은 법집행과 공동체 보호에 대한 공동체적 책임의 강제 시스템을 구축했다(Peel, 1971). 가족들은 여러 집단으로 조직되었고, 샤이어 리브(Shire-reeve)[15]의 감독을 받았다. 야간 경비원과 규환제도(Hue and Cry)[16]는 모두 1200년경에 완성되었다. 이 제도하에서 중범죄가 저질러졌을 경우, 공동체의 모든 구성원은 신고를 받으면 범죄자의 추적을 도와야 했으며 이러한 내용은 미국 테네시주 경찰 취임선서에 경관의 의무로 구체적으로 언급되어 있다.[17]

(2) 미국 민간경비의 발달

① 미국 민간경비의 발달 배경

산업혁명의 진행과 도시화의 진전에 따라 상설경찰이 탄생하였으나 전문적인 고도의 지식과 능력을 반드시 요구했던 것은 아니

---

15) 지역 수준에서 법과 질서를 유지하고 중앙정부의 세금 징수를 포함한 다양한 행정 기능을 수행하는 앵글로색슨 정부 기관이었다. 이 시스템은 웨식스(Wessex)에서 시작되어 영국의 다른 지역으로 확장되었고 1066년 노르만 정복 이후에도 유지되었으나, 1846년 카운티법원법(County Courts Act)에 의해 공식적으로 폐지되었다.

16) 영국에서 1285년 윈체스터 법령의 내용으로 범죄를 목격한 자는 경관이든 일반 시민이든 누구든지 울부짖고 소리쳐야 하며, 중범죄자가 체포되어 보안관에게 인도될 때까지 마을에서 마을로, 카운티에서 카운티로 도망가는 범죄자에 대하여 계속 소리쳐야 한다고 규정되어 있었다. 특히 건장한 남자들은 그 고함을 듣자마자 범죄자를 쫓는 일을 도와야 했다.

17) T.C.A. 8-10-108(b) 참조.

다. 특히 서부의 개척지에서는 상설경찰이 존재한다 하더라도 시가지화한 읍이나 촌의 경찰이며, 그 이외의 지역에서 실효적 강제력을 담당하는 경찰은 아직 존재하지 않았다.

서부개척시대에 캘리포니아에서는 금광이 발견되면서 골드 러시(Gold Rush)를 이루고, 개척지를 왕복하는 사람이나 금을 운반하기 위한 역마차, 철도 등이 부설되었다. 이 때문에 역마차회사, 철도회사는 자체의 경비조직을 갖지 않을 수 없었다. 이 같은 요청에 의해서 생긴 것이 유명한 '핀커톤(Pinkerton)' 경비조직이다.

② 미국 민간경비의 발전 과정

미국 민간경비는 신개척지에 거주하던 주민들을 보호하기 위한 야간 경비원으로부터 시작되었으며 본격적으로 민간경비가 출현한 것은 1800년대 산업혁명과 19세기 중엽 서부개척시대에 금괴수송을 위해 발달한 동서 간의 철도경비로 이는 미국 민간경비 발달의 획기적인 계기가 되었다. 그 이후 미국 남북전쟁을 겪으면서 위조화폐를 단속하기 위한 사설탐정기관이 발달하게 되었고 핀커톤은 사설 탐정소를 개설하였다.

1858년 에드윈 홈즈(Edwin Holmes)가 야간경비회사로서 홈즈방호회사(Holms Protection Inc.)를 설립하여 최초의 중앙감시 방식 경비서비스 사업을 시작하였고 그 다음해 워싱턴 페리 브링스(Washington P. Brinks)가 트럭수송회사를 설립하여 방탄장갑차를 이용한 현금수송을 개시하였다.

핀커톤 경비조직

- 앨런 핀커톤(Allen Pinkerton)은 시카고 경찰 최초의 형사였으며, 핀커톤 전미탐정사무소(Pinkerton National Detective Agency)를 시카고에 설립했다.
- 핀커톤은 1857년 회사명을 Pinkerton Protection Patrol로 바꾸고, 그 후 50년에 걸쳐 미국 철도수송의 안전을 도모하는 미국 유일의 주간(州間) 경비회사가 되었다.
- 남북전쟁 당시에는 '육군첩보부'를 설립하여 북군의 경제교란작전으로 대량 발행된 위조화폐에 대한 적발 임무를 수행하였다.
- 1883년에는 보석상연합회의 위탁을 받아 도난보석이나 보석절도에 관한 정보를 집중 관리하는 조사기관이 되었다.
- 20세기에 들어와 FBI 등 연방법 집행기관이 이러한 범죄자의 정보를 수집, 관리하게 되었기 때문에 핀커톤사의 정보관리는 민간대상의 정보에 한정되게 되었다.

19세기 말 유럽사회는 산업의 발달과 더불어 첨예한 이념적 갈등이 시작되었다. 특히 사회주의 혹은 무정부주의 영향을 받은 노동자들의 파업투쟁과 사회변혁 운동을 겪게 되면서 노동자들과 자본가의 갈등이 최고조에 달하게 된다. 회사의 재산 및 공장을 지키려는 노력은 시설경비와 같은 민간경비 수요를 창출하였고 민간경비는 새로운 계기를 맞게 되었다. 그 후 제1차 세계대전의 발발로 군수물자를 생산하는 기업체들은 파업이나 적군의 공격으로부터 산업시설을 보호할 필요성을 느끼게 되었고 유럽의 군비 확장, 민족주의의 도래, 파시즘의 발발로 이어지는 전 세계적 갈등으로 인해 주요 인물에 대한 보호, 국가중요산업과 주요 군수장비를 생산하는 업체의 시설, 인원, 장비, 물자들을 지키는 민간 경비원들에게 준군사적인 지위에 상당하는 권한이 주어지기도 하였다. 이를 통해 민간경비업은 비약적인 발전의 계기가 마련되었다.

(3) 미국의 현대적 의미의 민간경비업

일반적으로 현대적 의미의 경비업의 기원은 19세기 중엽의 미국으로 보고 있다. 당시 서부개척시대 미국에서 금괴수송을 위한 철도경비가 민간경비의 기원이 되었고 열차강도의 습격에 대한 대책으로서 경비산업이 획기적으로 발전할 수 있는 계기가 되었다. 당시 수송경비를 실시한 핀커톤사[18]를 세계 최초의 경비회사로 평가하고 있다. 20세기 현대적 공공경찰이 등장하기 전까지 미국 시민들은 수사, 치안 및 보호서비스를 사설보안 및 탐정기관에 의존하는 경우가 많았다. 그러나 일부 기관이 파업에 대응하는 경비용역활동에 이용되면서 사설경비산업이 오염되게 된다. 그럼에도 불구하고 산업 규모의 지속적인 성장과 이에 따른 범죄율의 증가로 인하여 민간경비업은 계속적으로 성장했다.

(4) 미국의 민간경비 관련법 체계

미국은 연방제 국가로서 연방정부의 통일적 기준만이 존재하고

18) 앨런 핀커톤은 1850년 사설경비업체인 핀커톤 전미탐정사무소를 설립하고 남북전쟁 당시 명성을 얻어 서부로 향하는 도망자, 갱 등을 추적하여 보안관에게 넘기는 일종의 사설경찰의 역할을 수행했다.

세부적인 규율은 각 주의 법령에 따라 다양한 방식으로 규제되고 있다. 민간경비업에 관련된 규정 또한 각 주마다 고유한 형식으로 규율되고 있다.

미국의 사설경비원 수는 공공경찰보다 3배가 더 많으며[19] 시민의 무기 소유가 자유롭기 때문에 경비원은 경찰과 유사한 강제력을 가지고 있다. 무장한 사설경비원이 경찰보다 많은 사회 특성상 미국은 공권력이 과도하게 민간으로 이전할 잠재적 위험을 제한하기 위해 다양한 법령을 제정했다.[20] 연방정부는 우선 민간경비업의 규제를 위하여 고용책임자를 통제하는 방법을 선택했다. 즉, 민간경비업에 대한 기본 수준의 전문성과 능력을 보장하도록 하여 위험원을 간접적으로 통제하는 방식을 선택한 것이다. 입법부와 민간보안업계가 민간보안의 신뢰성과 전문성을 높이기 위해 노력한 주요 수단 중 하나는 일부 개인이 경비원으로 고용될 자격에 관한 채용 규정[21]과 해당 직책에 대한 기본 요구 사항을 명시하는

---

19) U.S. BUREAU OF LABOR STATISTICS 홈페이지. https://www.bls.gov/oes/current/oes339032.htm

20) Public Regulation of Private Security: A Statutory Analysis of State Regulation of Security Guards Michael S. Klein and Craig Hemmens craig.hemmens@wsu.eduView all authors and affiliations Volume 29, Issue 9. https://doi.org/10.1177/08874034166499

21) 미국에서의 민간보안산업에 관한 법률 및 행정 규정은 크게 (a) 보안책임자 고용 규정, (b) 보안책임자에 대한 교육 규정, (c) 관리자 면허 요건의 세 가지 범주로 나눌 수 있다. 고용 규정은 사설경비원으로 일하기 위해 초급 면허를 취득하기 위한 최소 요구 사항을 설정하는 주 법령을 의미하며 이 법령에는 개인이 경비원으로 일하기 위해 갖추어야 할 최소한의 자질과 관련된 규정이 포함되어 있다. Maahs J. R., Hemmens C. (1998). Guarding the public: A statutory analysis of state regulation of security guards. Journal of Crime & Justice, 21, 119-134 참조.

규정을 포함한 다양한 고용 요구 사항을 제정하는 것이었다.

연방 전체를 규율하는 통일적 법령으로는 민간경비원고용인가법(the Private Security Officer Employment Authorization Act of 2007: PSOEAA)이 제정 및 통과되어 민간경비원의 범죄경력을 연방정부 차원에서 심사할 수 있도록 규정되어 있다. 민간경비원고용인가법은 민간경비산업에 대한 연방정부의 통일적인 규제의 시작을 의미하나 자격기준을 정한 법률에 불과하다.

이 법의 주요 내용을 살펴보면 국가는 개인이 사설경비원으로 면허를 받거나 고용되기 위해 일정 수준의 교육을 받고, 일정 수준의 도덕성을 확보한 사람으로서 중범죄를 범한 기록[22]이 없을 것을 요구한다. 고용 관행에 관한 법적 규정은 고용 규정을 통해 국가가 보안 책임자의 강제력을 위임받을 수 있는 근로자 유형을 정의하여 민간경비산업에 대한 기준을 설정하고 있다.[23] 경비원의 면허 절차에 대한 규제는 계속적으로 강화[24]되는 경향이 있다. 미국 노동통계국에 따르면 2022년 현재 미국에 1,124,890명의 민간경비원이 있는 것으로 추정[25]되고 있다.

---

22) 각 주마다 차이가 있으나 대부분의 주가 중범죄(Felony)를 결격사유로 하고 있으며, 경범죄(Misdemeanor) 및 부도덕범죄(Morality)를 저지른 자의 면허취득을 제한하고 있으며 실질적으로 도덕성, 약물남용, 정신적 무능력과 같은 요소를 자격취득의 판단 기준으로 삼고 있다.

23) 이 법에 의하면 경비업자는 경비원의 신원확인을 하는 경우 법무부장관(The Attorney General)의 면허를 받아야 한다. 면허를 받은 민간경비원의 고용주는 경비원이 되고자 하는 사람으로부터 동의서를 받고 그 사람의 지문을 채취하여 주의 신원식별국(The State Identification Bureau, 이하 SIB)에 보내고, SIB에서 대상자에 대한 주 단위의 전과기록을 조회한다.

24) https://journals.sagepub.com/doi/10.1177/0887403416649999

25) https://www.bls.gov/oes/current/oes339032.htm

① 미국 헌법상 경비원의 권리

연방헌법은 시민의 사적인 권한에 대하여는 구체적인 명시가 없고 정부나 국가의 활동에 연관되는 사항을 주로 언급하고 있다. 그러나 형사적 법집행을 담당하는 경찰 및 경찰과 같은 성격의 업무를 수행하는 준경찰조직에 대해서 권한을 규정하고 있다.

미국의 민간경비원은 경찰과의 협력 또는 기소를 목적으로 증거를 수집하여 경찰에게 제공하는 대리인으로 활동하는 경우 헌법적 제한이 따른다.

② 민간경비원의 법적 지위

빌렉(A. J Bileck)은 민간경비원의 법적 지위를 다음 3가지로 분류하였다. 첫 번째는 일반 시민과 똑같은 법적 권한을 가지고 있는 민간경비원으로 정부기관으로부터 선서에 의해 임명되거나 경찰기관으로부터 특별한 임무의 위임이나 자격증(License)을 받지 못한 상태의 법적 권한을 가진 민간경비원을 의미한다(김원기, 2006: 695-704). 두 번째는 특별한 권한을 가지는 민간경비원으로서 학교, 공원지역 등의 경비원 또는 주지사, 보안관, 시당국 등의 정부기관에 의해 특별한 경찰업무를 위임받은 민간경비원이다. 세 번째는 경찰관 신분을 가진 민간경비원으로 경찰관 신분으로 민간경비 분야에서 시간제 경비원(Moonlighting)으로 일하는 경찰관을 의미한다.

③ 형사법상의 권리

민간경비원의 심문과 질문에 대하여 상대방이 반드시 대답하여야 할 법적 의무는 존재하지 않으며 묵비권을 행사할 권리를 가진다. 민간경비원의 물리력 행사는 형법상 인정된 정당방위・긴급피

난이 인정될 뿐이다. 이 경우 정당한 목적을 실현하는 데 필요한 실력행사만이 허용되고 비례성을 일탈한 폭력적 행위에 대하여는 형사책임과 함께 불법행위에 대한 손해배상의 책임을 지며, 본래의 특권도 상실된다.

압수나 수색을 행하게 되는 경우 민간경비원은 경찰과의 협조하에 활동하거나 또는 준경찰로 활동하는 경우를 제외하고는 어떠한 특별한 권한도 인정되지 않는다.

④ 민법상의 권리

민간경비원에게 민사상의 특권은 존재하지 않는다. 즉, 업무상 불법행위로 인하여 타인에게 손해가 발생한 경우에 일반인과 동일한 불법행위 책임을 부담한다.

민간경비업자와 민간경비원은 계약을 통해 권리와 의무가 발생하고 그 구체적인 내용인 민간경비원의 권한과 민간경비업체의 경비서비스의 활동은 엄격하게 규제되고 있다. 예를 들어 기계정비에 의한 경비활동의 경우에 민간경비업체와 경비계약자 사이의 계약조항에는 경비대상에 대한 책임의 범위, 민간경비원의 복장, 경비원에 의한 시설물에 대한 수색 그리고 민간경비원의 범죄사건에 대한 조사활동에 대한 제한 등과 같은 개별적인 행위기준이 포함되어 있다.

(5) 교육훈련제도

미국에서는 경비원의 높은 이직률, 비효율적인 업무수행, 낮은 승진 기회와 훈련 수준, 저임금과 같은 산적한 문제를 해결하기 위하여 경비원에 대한 교육과 훈련을 중시하고 있다. 민간경비 분야에서의 훈련과 자격제도에 관하여 연방 전체를 규율하는 통일된 규정은 존재하지 않는다. 그러나 미국의 50개 주 중 23개 주는 어떤 형태로든 경비원에 대한 훈련을 요구하고 있고, 14개 주는 비무장 경비 근무자의 훈련을 요구하고 있다. 미국 여러 주의 법령 가운데 가장 종합적이고 구체적으로 규정되었다고 알려진 일리노이 주의 '사설탐정과 민간경비에 관한 법령'은 경비원 지원자들에게 최소한 20시간의 기본적인 경비 관련 훈련프로그램을 이수하도록 요구하고 있다. 또한 총기류를 다루는 모든 경비요원들에게는 총기류 취급 자격증(Firearms certification)을 요구하고 있다. 20시간의 기본훈련 이외에도 담당부서에서 승인한 20시간의 총기류 훈련과정을 성공적으로 이수해야 총기류를 사용하거나 휴대 또는 소지를 요하는 업무를 수행할 수 있도록 규정하고 있다.

미국은 이처럼 경비원에 대한 교육·훈련을 중시하고 있는데, 특히 2001년 9·11테러 사건 이후에는 연방정부 차원에서 미국 내의 공공건물, 공항, 항만 등에서 근무하는 모든 경비업체에 대하여 소속 경비원들에 대한 재교육을 독려하는 등 교육을 강화하고 있다.

(6) 자격증제도

미국은 각 주 정부 관할하에 주 정부별로 C.P.P(Certified Protection Professional) 자격증제도를 시행하고 있다. 이는 주 정부로부터 합법적으로 경호업의 허가를 받은 경우에 총기 소지는 물론이고, 경호를 위한 수집업무도 가능하도록 하는 제도이다.

또한 대부분의 주에서는 비무장 시큐리티 경비, 비무장 사설탐정, 무장 시큐리티 경비, 무장 사설탐정 등 4개 유형의 시큐리티 면허제도를 유지하고 있다. 각각의 면허자격은 4시간의 지식기술을 기초로 한 코스와 8시간의 무기휴대 코스를 이수해야 한다. 무장 시큐리티 경비와 사설탐정은 주형사사법위원회로부터 무기휴대 자격을 부여받아야 하고, 매년 재허가를 받아야 하며 각 협회에서 부여하는 특수분야 자격제도도 있다.

(7) 미국의 교통유도경비의 운영

미국의 교통유도경비 체계는 공사장의 내・외부 안전을 위해 안전시설, 교통소통, 수신호 등 다양한 안전규범과 함께 통일적 교통통제장치(Manual on Uniform Traffic Control Devices: MUTCD)라는 표준[26]을 적용하고 있다(김태환, 2010: 21-39). 미국은 주에서 면허를 받아 이벤트 행사, 교통통제 관리를 하는 경비사업자가 존재한다. 이들은 교통현장에서 도로공사 및 교통통제의 표지판을 판매하며 교통유도원(flagger)을 파견하고 교통유도원은 고속도로 및 일반도로 공사장에서의 안전사고 발생 방지업무를 담당한다. 이에 대한 구체적인 내용은 후술하기로 한다.

26) 교통통제장치는 미국 전역의 교통통제시스템을 통일하기 위한 매뉴얼로서 전국의 모든 공공기관 및 도로의 통일성을 보장하기 위해 고안되었다. 연방고속도로관리국(The Federal Highway Administration: FHWA) 홈페이지 참조. https://mutcd.fhwa.dot.gov/index.htm

3. 대륙법계 국가의 민간경비 산업

1) 일본의 민간경비

일본은 제2차 세계대전 후 경제 부흥기를 거치면서 도시와 산업의 급속한 발전을 이루었고 인구집중으로 인해 절도와 강도 같은 강력범죄가 늘어나게 되면서 전문적 경비시스템에 대한 사회적 수요가 증가하였다.

일본에서 현대적 의미의 경비업이 탄생한 것은 1962년이다. 당시 절도범죄가 기승을 부렸으며 토다 주이치(Juichi Toda)와 이이다 마코토(Makoto Iida)는 1962년 7월 일본경비보장(Nihon Kebi Hosho, 현재의 세콤)[27]을 창업했는데 이것이 일본 현대 민간경비업의 기원이다. 하지만 '물과 안전은 무료'라는 인식이 있었던 당시 일본 사회에서 민간경비가 쉽게 정착하는 것은 어려웠고 경봉(警棒) 이외에 장비가 인정되지 않았던 당시의 법률 현실도 초기 경비업 발전의 장애로 작용하였다. 그러나 일본 경제의 고도성장이 계속되던 시점이었고 건설 경기가 활성화되었으며 고속도로의 정비와 확충이 이루어지면서 교통유도경비에 대한 인식이 개선되었다. 일련의 과정은 일본 경비업의 중흥을 이끌었고 많은 경비회사들이 생겨나게 된다. 또한 지속적이고 급속한 기술의 진보에 의해 기계경비시스템의 시초라고 할 수 있는 경보장치를 개발하게 되었다. 하지만 1968년 은행의 현금수송차가 강취되는 사건[28]이 일어나면서 안전

27) 세콤은 1962년 순찰 서비스, 고정 경비 서비스 등 유인 보안 서비스를 수행하는 일본 최초의 경비회사로 창업되었으며 1966년에는 일본 최초로 기업용 온라인 보안시스템을 개발하여 전국에 기반을 구축해 왔다.

한 운송경비시스템에 대한 요청이 있었다. 이 사건 이후 전문 훈련을 받은 경비원이 현금수송업무를 담당하게 되면서 경비업무의 전문화가 이루어지게 된다.

1970년대 일본 사회는 학생시위, 변혁운동세력의 테러 시도와 같은 사회적 갈등이 격화되었던 시기였고 이에 따라 민간경비산업에 대한 관심이 일어나면서 사업 규모가 확대되고 다양한 분야로 성장・발전하게 되어 경비회사의 숫자도 늘어나게 된다. 경비산업 규모의 빠른 성장에 따라 국가에서 직접 경비업을 관리・감독할 필요가 있게 되었고 1972년 일본 경비업법이 공포・시행되면서 경비업의 법제도화가 이루어졌다. 일본 경비업법은 1982년 개정을 거쳐 1986년에는 경비원 검정제도가 도입되어 경비원의 자격에 대한 행정적 통제가 이루어졌다.

2022년 기준 일본 경비업체 수는 10,524개, 경비원 수는 582,114명에 달하며 연간 매출액은 약 3조 5,250억 3,000만 엔으로 추산된다.

(1) 일본 민간경비의 시작

일본의 민간경비는 중세부터 지방 성주들에 의하여 사적으로 시작・실시되었다. 에도시대(江戶幕府時代: 1603~1868)에는 상대적으로 강력한 중앙집권이 이루어지고 상업이 발달하고 경제적 호황이

28) 이 사건은 1968년 12월 10일 발생한 이른바 '삼억엔 강탈사건'이다. 일본신탁은행 고쿠분지 지점의 현금수송차마다 경찰관으로 분장한 범인에 의해 빼앗긴 것으로, 피해총액은 당시 물가로 3억 엔에 달했다. 이때 현금수송차를 운전하고 있던 것은 은행원이었고, 수송차도 특수 차량이 아니었다.

이어지면서 장병위라는 이름으로 경비업을 전문으로 하는 직업경비업자가 생겨나 노동자 도급, 경비업무를 수행하였다. 그 후 경비업무의 범위가 넓어지게 되어 저택경비, 물품운반 및 귀중품의 운반과 같은 역할을 전문적 직업 경비원들이 실행하게 되었다.

(2) 일본 민간경비의 발전과정

일본 최초의 전업(專業) 경비업자는 1962년 토다 주이치의 일본경비보장이며 스웨덴의 경비회사와 제휴하여 설립되었으며 1966년 기업용 온라인 보안시스템을 개발하여 전국적 기반을 구축하였다. 1964년 도쿄올림픽이 개최되면서 선수촌 경비를 계기로 민간경비의 역할이 널리 인식되었고, 1970년의 오사카엑스포에서 대회장 내에서의 시설관리, 관람객들의 안전관리, 질서유지 등의 경비업무를 계기로 민간경비업이 정착되었다고 평가된다. 세콤의 경비업은 일본 최대의 성장산업으로 발전하였고 세콤은 1980년대 초반 한국에 진출하였다.

(3) 교육훈련제도

경비원 교육은 '기본교육'과 '업무별 교육'으로 구분되어 있으며, 각각 경비업무에 종사하기 전에 받는 '신임교육'과 현재 종사 중인 경비원에게 실시하는 '현임교육'으로 세분화되어 있다. 특히 업무별 교육은 업무 형태에 따라 상주경비, 교통유도경비, 귀중품운반경비, 경호경비, 기계경비로 구분하여 실시하고 있는 점이 특징이다. 교육시간은 기본교육의 경우에는 신임교육은 15시간, 현임교육은 6개월마다 3시간씩 교육하도록 되어 있으며, 업무별 교육의 경우에는 신임교육은 15시간, 현임교육은 6개월마다 5시간씩 교육하도록 되어 있다. 일본은 이러한 교육의 실효성을 높이기 위하여 경비지도교육책임자제도를 두고 있다.

(4) 자격증제도

일본 경비업법은 민간경비업자 및 경비원의 자질 향상과 기계경비의 효율성 제고를 위해 '경비원지도교육책임자' 및 '기계경비업무관리자'에 대한 자격증제도와 '경비원검정제도'를 두고 있다. 경비업지도교육책임자는 경비업자나 경비원에 대한 직무 교육 · 관리 · 감독, 경비업자에 대한 조언을 임무로 하며, 기계경비업무관리자는 기계경비와 관련된 각종 통신업무, 통신기기의 설치 · 운영 · 유지 · 관리, 기계경비업무에 종사하는 경비원 등에 대한 교육 · 지도 · 감독 · 통제를 임무로 한다.

[일본 경비원 1 · 2급 시험과목]

NO	분야	시험 구분		시험과목
1	공항보안 경비업무	학과 시험	1급	① 수하물 기타 항공기 반입물건 검사 관련 사항 ② 공항보안경비업무의 관리 관련 사항
			1 · 2급 공통	① 경비업무 관련 기본사항 ② 법령 관련 사항 ③ 승객 등 대접 관련 사항 ④ 공항 관련 사항 ⑤ 항공위험 발생 우려가 있는 물건 및 수상한 자 발견 시 응급조치 관련 사항
			2급	① 수하물 등 검사 관련 사항
		실기 시험	1급	① 공항보안 경비업무 관리 관련 사항
			1 · 2급 공통	① 승객 등 접대 관련 사항 ② 수하물 등 검사 관련 사항 ③ 항공위험 발생 우려가 있는 물건 및 수상한 자 발견 시 응급조치 관련 사항
			2급	–

2	시설 경비업무	학과 시험	1급	① 시설경비업무 관리 관련 사항
			1 · 2급 공통	① 경비업무 관련 기본사항 ② 법령 관련 사항 ③ 경비업무 대상시설의 보안 관련 사항 ④ 경비업무 대상시설 파괴 등 사고 발생 시 응급조치 관련 사항
			2급	–
		실기 시험	1급	① 시설경비업무 관리 관련 사항
			1 · 2급 공통	① 경비업무 대상시설의 보안 관련 사항 ② 경비업무 대상시설 파괴 등 사고 발생 시 응급조치 관련 사항
			2급	–
3	혼잡 경비업무	학과 시험	1급	① 혼잡 경비업무 관리 관련 사항
			1 · 2급 공통	① 경비업무 관련 기본사항 ② 법령 관련 사항 ③ 혼잡 정리 관련 사항 ④ 사람이 혼잡한 장소에서 부상 등 사고 발생 시 응급조치 관련 사항
			2급	–
		실기 시험	1급	① 혼잡 경비업무의 관리 관련 사항
			1 · 2급 공통	① 혼잡 정리 관련 사항 ② 사람이 혼잡한 장소에서 부상 등 사고 발생 시 응급조치 관련 사항
			2급	–

<table>
<tr><td rowspan="6">4</td><td rowspan="6">교통유도
경비업무</td><td rowspan="3">학과
시험</td><td>1급</td><td>① 교통유도 경비업무 관리 관련 사항</td></tr>
<tr><td>1 · 2급
공통</td><td>① 경비업무 관련 기본사항
② 법령 관련 사항
③ 혼잡 정리 관련 사항
④ 공사현장 기타 사람이나 차량 통행에 위험이 있는 장소에서 부상 등 사고 발생 시 응급조치 관련 사항</td></tr>
<tr><td>2급</td><td>–</td></tr>
<tr><td rowspan="3">실기
시험</td><td>1급</td><td>① 교통유도 경비업무 관리 관련 사항</td></tr>
<tr><td>1 · 2급
공통</td><td>① 차량 등 유도 관련 사항
② 공사현장 기타 차량 통행에 위험에 있는 장소에서 부상 등 사고 발생 시 응급조치 관련 사항</td></tr>
<tr><td>2급</td><td>–</td></tr>
<tr><td rowspan="3">5</td><td rowspan="3">핵연료
물질 등
위험물 운반
경비업무</td><td rowspan="3">학과
시험</td><td>1급</td><td>–</td></tr>
<tr><td>1 · 2급
공통</td><td>① 경비업무 관련 기본사항
② 법령 관련 사항
③ 핵연료 물질 등 위험물 관련 사항
④ 차량에 의한 반주 및 주변 경계에 관련 사항
⑤ 핵연료 물질 등 위험물 운반 경비업무 관리 관련 사항
⑥ 핵연료 물질 등 위험물과 관련되는 도난 등 사고 발생 시 응급조치 관련 사항</td></tr>
<tr><td>2급</td><td>–</td></tr>
</table>

		실기 시험	1급	① 핵연료 물질 등 위험물 운반 경비업무의 관리 관련 사항
			1 · 2급 공통	① 차량에 위한 반주 및 사주경계 관련 사항 ② 핵연료 물질 등 위험물 관련 도난 등 사고 발생 시 응급조치 관련 사항
			2급	–
6	귀중품 운반 경비업무	학과 시험	1급	① 귀중품 운반 경비업무 관리 관련 사항
			1 · 2급 공통	① 경비업무 관련 기본사항 ② 법령 관련 사항 ③ 귀중품 운반 경비업무용 차량 및 차량에 의한 반주의 주변 경계 관련 사항 ④ 운반 중의 현금, 귀금속, 유가증권 등 귀중품 관련된 도난 등 사고 발생 시 응급조치 관련 사항
			2급	–
		실기 시험	1급	① 귀중품 운반 경비업무 관리 관련 사항
			1 · 2급 공통	① 귀중품 운반 경비업무용 차량 및 차량에 의한 반주의 주변 경계 관련 사항 ② 운반 중인 현금, 귀금속, 유가증권 등의 귀중품 관련 도난 등 사고 발생 시 응급조치 관련 사항
			2급	–

2) 우리나라의 민간경비

(1) 전통적 의미의 민간경비

고조선 시대, 삼국 시대에는 부족(部族)이나 촌락 또는 지역사회 전체가 공동운명체적 성격을 띠고 있었으며 외부의 침입으로부터 가족 및 집단을 보호하기 위해 자경단과 같은 역할을 한 것이 경비의 시초라고 할 수 있다. 중세 고려 시대와 조선 시대에는 지방의 호족이나 중앙의 귀족들이 자신의 권력 유지나 재산보호를 위하여 사병을 고용하였으며 노비들이 경비의 역할을 하기도 하였다. 현대에 이르러 전문적 경비업이 탄생하기 이전인 1960년대 이전 경비의 모습은 경비활동을 받는 수혜자의 필요에 의하여 민간경비원으로부터 신변보호까지 책임지게 하는 상주(常住) 형태의 경비활동이었다. 주로 권력가나 사업가들이 신체가 건강한 남성들을 고용하여 주택 또는 기타 시설물 경비에 투입하거나 저택 등에 대한 경호 역할을 수행하도록 하였다.[29] 해방 이후 한국 사회의 경비활동은 경비 공급자측에서 경비 관련 상품을 개발하여 고객의 요구에 따라 계약(契約)하거나, 상주 형태의 경비활동을 제공하는 것으로 점차 변화・발전하였다.

29) 같은 취지. 서상열・박준석, 한국 민간경비 인적자원 확보관리의 실태 및 개선방안, 시큐리티 연구, 16, 2008, pp.81-99.

[전통적 의미의 민간경비]

구분	고대	삼국	고려	조선	구한말
특징	군사, 경찰, 민간경비의 미분화	민간경비 출현, 공경비 중심	무신정권을 유지하기 위한 다양한 경비조직 출현	중앙집권화로 인해 민간경비 위축	최초로 문관경찰 시작
공경비	- 부족민 - 하호	(고구려) - 대모달 말객 (백제) - 위사좌평 5부 (신라) - 서당 (통일신라) - 시위부	- 2군6위 - 순마소 - 내군부 - 성중애마 - 충요사위 - 사평순위부	- 내시위 - 별시위 - 내금위 - 궁병 - 포도청	- 친위대 - 무위소 - 무위영 - 신군용 호영 - 순사제도 - 경비원 - 경무청 - 경무소
사경비	* 부족민 * 하호	* 청해진세력 당성진세력 혈구진세력 * 호족의 사병	* 도방 * 삼별초 * 권력자의 사병 및 승병	* 사병 * 묘지기 * 창고지기 * 농작물의 보호	* 권력자/사업자가 고용

(2) 우리나라 경비업의 태동

우리나라 경비업의 태동은 해방 이후 6·25 전쟁을 겪으면서 전쟁물자의 수송과 관련되어 시작되었다고 본다. 전쟁 이후 1960년대 초 주한미군부대의 군납 형태의 계약경비30)를 법적·현대적 의

30) 1960년대에 화영기업, 경원기업은 최초의 민간경비업자로서 1960년대 상공부장관이 발행한 '군납업자등록필증'을 취득하고 군납에 관한 법률에 근

미로서 최초의 경비업으로 본다.

1950년대 이후 세계적으로 냉전의 대립이 심화되고 우리나라의 경우에는 분단과 전쟁으로 인한 이념적 대치가 1970년대에 특히 격화되면서 간첩, 무장공비 침투 사건들이 발생하였다. 이에 따라 국가안보와 치안능력을 보완하기 위한 수단으로 정부는 민간경비업을 지원하게 되었다. 이와 동시에 산업화와 인구증가는 여러 가지 사회문제를 낳았고 당시 급증하는 강력 범죄사건에 대처하기 위한 경찰력은 현저하게 부족하였다. 이런 이유로 정부는 계약경비에 대한 관심을 갖게 된다.

1972년에 일본 경비업법이 제정되면서 우리 정부는 이에 영향을 받게 된다. 1976년 치안본부는 '준경찰력의 확대 강화를 위한 정책연구'를 시작하였고 주요 선진국의 경비업 운영에 대한 자료를 검토하여 1976년 12월 31일 법률 제2946호로 「계약경비업법」이 제정·공포되었다. 이로써 우리나라의 민간경비산업을 법적·제도적 틀 안에서 보호·육성할 수 있는 기반이 마련되었다.

① 계약경비

한국의 계약경비는 1950년대부터 미군 군납의 형태로 제한적으로 실시하게 되었다(1953년 용진보안공사, 1954년 봉신기업, 1958년 화영기업, 1959년 신원기경). 1960년대부터 미국의 원조를 통해 민간경비를 실시하였으며 현대적 의미의 민간경비는 계약경비로 시작되어 점차 그 범위를 확대하게 되었다(1962년 범아실업공사가 KOSCO에 석유제품 경비 및 검수 실시). 1980년대에는 1984년 서울국제무역박

거하여 미8군부대 계약경비를 실시하였다.

람회를 비롯하여 86아시안게임, 88서울올림픽, 대전엑스포 등을 통해 급성장을 이루었으며 2001년 「경비업법」 개정으로 특수경비원 제도를 도입하여 인천국제공항과 같은 대규모 기간시설에 민간경비의 배치가 입법화되어 민간경비의 활동 범위가 넓어지게 되었다. 또한 9・11테러에 대한 위협과 APEC 회담, G20 국제정상회의 등 다양한 국제행사의 개최가 이루어지면서 공경비와 민간경비산업의 유기적 협력이 요청되고 과학적인 역할분담이 필요한 상황이다.

② 청원경찰제도

청원경찰제도는 1960년대 경제성장에 의한 산업시설의 증가와 북한의 무장 게릴라 침투에 따른 한정된 경찰인력을 보조하여 국가중요시설의 경비를 담당할 목적으로 창설되었다. 이 제도는 일제시대에 전쟁준비를 위한 산업시설의 경비문제를 해결하고자, 필요경비를 기업이 부담하고 경찰력의 상주파견을 구하는 일본의 '청원순사제도'에서 유래한 것으로 1962년 4월 3일 법률 제1049호로 「청원경찰법」을 제정・공포함으로 시행하게 되었다. 그 후 1973년에는 법률을 전문 개정하고 2008년까지 총 10차에 걸쳐 「경비업법」 개정 작업을 하였다.

청원경찰제도는 전 세계적으로 유래를 찾아볼 수 없는 독특한 제도로서 국가기관 또는 공공단체와 그 관할하에 있는 중요시설 또는 사업장, 국내 주재 외국공관, 기타 행정안전부령으로 정하는 중요시설 사업장 또는 장소 등의 장이나 시설・사업장의 경영자가 소요경비를 부담할 것을 조건으로 경찰관의 배치를 신청하는 경우에, 그 기관 또는 사업장 등의 경비를 담당하게 하기 위하여 배치하는 경찰을 말한다. 현재 2천여 개의 시설에 약 15,000명이 활동하고 있으나 특수경비원제도의 도입 이후 점차 감소하고 있는 추세이다(김태민, 2013: 123-144).

[청원경찰법 · 경비업법의 비교]

구분	청원경찰법	경비업법
이념	준공공적 사익, 기관장 및 시설주와의 계약내용	개인적 이익, 도급계약자와 계약내용
배치	관할 경찰서장을 거쳐 지방경찰청장에게 신청 후 승인	지방경찰청장의 허가로 법인만 영위 가능
권한	근무구역 내에서 「경찰관 직무집행법」에 의한 직무수행	특별한 권한 없음. 사인과 동등한 지위
교육	경찰교육기관에서 2주간 실무교육, 임용 후 매월 4시간 직무교육	경비협회에서 임용 전 15시간, 임용 후 매월 4시간 직무교육
신분	민간인(형법 및 법령에 의한 벌칙 적용과 특별한 규정이 있는 경우 공무원으로 의제)	민간인
자격	18세~50세 미만의 자(남자는 군필자 및 면제자)로 행정안전부령으로 정하는 신체조건에 해당하는 자, 「국가공무원법」 제33조 제1항의 임용결격사유가 없는 자	18세 미만인 자, 금치산자, 한정치산자, 파산선고를 받고 복권되지 않은 자는 결격사유, 금고 이상의 실형을 선고받고 그 집행이 종료되거나 집행이 면제된 날부터 5년이 지나지 않은 자는 결격사유, 금고 이상의 형의 집행유예선고를 받고 그 유예기간 중인 자는 결격사유
보수	행정안전부장관이 매년 최저임금을 고시	협회에서 조정하나 경비업체의 자율에 맡김

직무범위	지정된 공공영역 시설주가 요구한 시설물 및 지역	일정한 사적 영역에서의 시설경비, 호송경비, 신변보호, 기계경비, 특수경비
무기휴대	근무지역에서만 무기휴대 가능	무기휴대 불가(2001년 「경비업법」 개정으로 특수경비원의 무기휴대 허용)
손해배상	시설주 책임(원칙적 민사책임)	경비업자 책임(민사책임)

③ 「계약경비업법」 제정

계약경비업법안은 「청원경찰법」이 제정된 이후 1976년 12월 17일 국회 본회의를 통과하였고, 12월 31일 법률 제2946호로 제정·공포되면서 본격적으로 실시되었다. 「계약경비업법」에 근거하여 1977년 6월 30일 대통령령으로 「계약경비업법」 시행령이 마련되었으며, 1977년 11월 22일에는 내무부령으로 「계약경비업법」 시행규칙이 제정되었다. 2001년 전문 개정을 비롯하여 제정 이후 2008년 2월 29일까지 총 13차에 걸친 개정이 이루어져 오늘에 이르고 있다.

④ 경비협회 설립

1978년 9월 21일 내무부장관 승인으로 사단법인 한국경비협회가 설립되었으며 「경비업법」 제22조(경비협회)에 의해 경비업무 연구, 경비원 교육·훈련 및 연구, 경비원 후생·복지, 경비 진단, 기타 경비업무의 건전한 운영과 육성에 관한 필요사항을 주요 업무로 하고 있으며, 일반적으로 「민법」의 사단법인의 규정을 준용하며 경비소요 진단을 실시할 수 있다. 특히 공제사업의 경우에는 경찰청장의 승인 없이 추진할 수 있다. 경비업자 5인 이상이 발기인이 되어 경비협회를 설립할 수 있으므로 누구나 경비협회를 설립할 수 있다.

⑤ 우리나라 「경비업법」의 연혁

1980년대에는 기계경비시스템이 도입되면서 경비산업 활성화의 계기가 마련되었으며, 경제 발전이 급속도로 이루어지면서 민간경비에 대한 수요가 점차 증가하였다. 이와 함께 국제사회에서 우리나라의 위상이 한층 높아지면서 여러 가지 국제행사를 유치하게 되고 특히 '86아시안게임'과 '88서울올림픽'의 개최는 경비업 도약의 큰 계기가 되었다. 대규모 아파트와 산업시설이 확충되면서 사회 전반에 걸쳐 민간경비업에 대한 국민적 인식이 확산되는 기회를 맞이하였다.

도시의 규모가 확대되고 산업이 고도화되는 사회변동상황에서 국가 경찰권을 통한 범죄예방 활동만으로는 사회의 안전을 도모하기 어려워졌다. 산업화, 정보화 그리고 도시화의 시대는 다양한 형태의 경비산업을 요청하게 되었고 1995년 「경비업법」은 연혁적으로 중요한 변화가 있게 된다. 즉, 사설경비업을 계약경비업의 한 분야로 흡수하고, 경비원의 자질 향상을 도모하기 위하여 경비원의 지도·감독 및 교육을 전담하는 경비지도사제도를 신설하였다(이민형·강경수·김진환, 2008: 129-144).

2001년의 「경비업법」 개정에서 특수경비업무가 「경비업법」에 추가되면서 국가중요시설에 대한 경비를 민간경비업이 담당할 수 있는 근거가 마련되고 이와 함께 기계경비업무가 허가제로 변경되었다.

2006년 「경비업법」의 개정에서는 경비업무의 한계를 정하여 경비업체가 의무를 위반할 경우 형사처벌을 할 수 있도록 하여 경비업의 사회적 책임을 명시하였다.

2014년에는 경비업의 허가요건을 강화하고, 집단민원현장에서 민간경비업무가 이루어지는 경우 경찰관서에 의한 통제 규정을 신설하여 불법 경비행위에 대한 규제 및 처벌을 강화하여 제도 운영상의 문제점을 개선・보완하였다.

그 후로는 2016년, 2018년 「경비업법」의 개정으로 경비원의 신임교육 대상을 확대하고 경비지도사 자격 취득 기회를 최대한 보장하는 방향으로의 변화가 있었다.

2022년의 주요 개정내용은 시설경비업의 허가에 필요한 최소경비원 수를 축소하여 경비업의 규제를 완화하였으며, 특수경비원의 결격사유 및 당연 퇴직사유[31]를 규정하였다.

가장 최근의 개정은 2024년에 있었는데 경비업무의 종류에 혼잡・교통유도경비업무를 추가하고, 혼잡・교통유도경비업무를 일반경비원의 업무로 규정하여 혼잡경비업무와 교통유도경비업무가 「경비업법」상 고유한 업무로 제도화되었다.

---

31) 제10조의2(특수경비원의 당연 퇴직)를 신설하여 특수경비원이 제10조 제2항에 따른 결격사유에 해당하게 될 때에는 당연 퇴직되게 하였다. 상반기에 정년에 도달하면 6월 30일에, 하반기에 정년에 도달하면 12월 31일에 당연 퇴직되도록 하고, 금고 이상의 형의 선고유예를 받고 그 유예기간 중에 있는 경우에는 성폭력범죄나 아동・청소년 성범죄 등의 죄를 범한 경우에만 당연 퇴직되도록 하였다.

(3) 우리나라 민간경비원의 법적 지위

① 경비원의 형사법상 지위

우리나라는 신체의 자유를 제한하는 권한을 국가가 독점하고 있으므로 경비원에 대한 특별한 규정은 존재하지 않는다. 민간경비원은 사인에 불과하므로 범인체포 등의 행위는 형법상 체포·감금죄에 해당한다. 그러나 자기 또는 타인의 법익에 대한 현재의 부당한 침해를 방위하기 위한 행위로서 정당방위, 긴급피난, 자구행위에 해당하는 경우와 현행범의 체포는 정당행위로서 위법성이 조각된다.

민간경비원의 증거수집 활동에 대해서는 「형법」 내지 「형사소송법」상 직접적인 규정이 없다. 단지 법정에서 증거로서 원용될 경우 이에 대한 소송법적 증거능력이 인정될 뿐이다.

② 경비원의 민사법상 지위

경비업은 「민법」상 법인만이 영위할 수 있으며, 이에 대한 내용은 「민법」 제31조 이하의 사단법인에 관한 규정을 준용한다. 경비법인을 설립하기 위해서는 주무관청(지방경찰청장)의 허가를 받아야 하며, 법인사무에 관한 검사·감독 등도 주무관청이 실시한다. 경비법인은 민법상 사단법인과는 다르게 「경비업법」에 의해 벌칙, 과태료, 양벌규정 등 엄격한 규제를 받고 있다.

민간경비원이 업무수행 중에 고의 또는 과실로 경비대상에 발생하는 손해를 방지하지 못한 때에는 민간경비업자가 배상하도록 규정하고 있다(사용자 책임). 또 이를 더욱 강화하기 위하여 이행보증보험 계약을 보험회사와 체결하도록 강제하고 있다.

(4) 「경비업법」의 행정적 통제

① 경비업의 허가(경비업법 제4조)

경비업을 영위하고자 하는 법인은 도급받아 행하고자 하는 경비업무를 특정하여 당해 법인의 주사무소의 소재지를 관할하는 지방경찰청장의 허가를 받아야 한다. 도급받아 행하고자 하는 경비업무를 변경하는 경우에도 또한 같다.

② 결격사유자 등의 통보(법 제17조)

지방경찰청장 또는 경찰관서장은 경비원이 결격사유에 해당하게 된 사실을 알게 되거나 「경비업법」 또는 이에 의한 명령에 위반한 때에는 경비업자에게 그 사실을 통보하여야 한다.

③ 경비원의 명부와 배치신고 등(법 제18조)

경비업자는 경비원의 명부를 작성 및 비치하여야 하며 이에 대한 변경사항은 관할 경찰서장에게 신고하여야 한다.

④ 행정처분(법 제19조)

허가관청은 경비업자의 위법행위에 대하여 그 허가의 최소 또는 6월 이내의 기간을 정하여 영업 전부 또는 일부에 대하여 영업정지를 명할 수 있다.

⑤ 감독(법 제24조)

경찰청장 또는 지방경찰청장은 경비업무의 적정한 수행을 위하여 경비업자 및 경비지도사를 지도·감독하며 필요한 명령을 할 수 있다.

지방경찰청장 또는 관할 경찰관서장은 소속 경찰공무원으로 하여금 관할 구역 안에 있는 경비업자의 주사무소 및 출장소와 경비원 배치장소에 출입하여 근무상황 및 교육훈련상황 등을 감독하며 필요한 명령을 하게 할 수 있다. 이 경우 출입하는 경찰공무원은 그 권한을 표시하는 증표를 관계인에게 내보여야 한다.

⑥ 벌칙 등(법 제28조)

무허가 경비업에 대해서는 3년 이하의 징역 또는 3,000만 원 이하의 벌금에 처하며(법 제28조), 기타 위반에 대해서도 과태료처분(법 제31조)을 내릴 수 있다. 그리고 법인의 대표자나 사용인 등의 위반행위에 대해서는 행위자 및 그 법인에 대하여 처벌하는 양벌규정을 두고 있다(법 제30조).

「경비업법」상의 벌칙 규정(제28조)

- 5년 이하의 징역 또는 5천만 원 이하의 벌금에 해당하는 경우: 국가중요시설의 정상적인 운영을 해치는 장해를 일으킨 특수경비원
- 3년 이하의 징역 또는 3천만 원 이하의 벌금에 해당하는 경우
  - 허가를 받지 아니하고 경비업을 영위한 자
  - 직무상 알게 된 비밀을 누설하거나 부당한 목적을 위하여 사용한 자
  - 경비업무의 중단을 통보하지 아니하거나 경비업무를 즉시 인수하지 아니한 특수경비업자 또는 경비대행업자
  - 과실로 인하여 국가중요시설의 정상적인 운영을 해치는 장해를 일으킨 특수경비원
  - 특수경비원으로서 경비구역 안에서 시설물의 절도, 손괴, 위험

물의 폭발 등의 사유로 인한 위급사태가 발생한 때에 제15조 제1항 또는 제2항의 규정에 위반한 자

※ 제15조 제1항: 특수경비원은 직무를 수행함에 있어 시설주·관할 경찰관서장 및 소속상사의 직무상 명령에 복종하여야 한다.

※ 제15조 제2항: 특수경비원은 소속상사의 허가 또는 정당한 사유 없이 경비구역을 벗어나서는 아니 된다.

[한국 경찰 · 청원경찰 · 민간경비의 비교]

구분	경찰	청원경찰	민간경비
이념	공익우선, 국민의 생명·재산 보호	준공익우선, 기관장 및 시설주의 요구 범위 내	사익우선, 도급 계약자의 요구 범위 내
교육	경찰간부 1년, 경찰 비간부 6개월 교육	경찰교육기관에서 2주간 실무교육, 임용 후 매월 4시간 직무교육	경비협회에서 임용 전 28시간, 임용 후 매월 4시간 직무교육
신분	국가공무원(연령, 계급에 따라 정년)	민간인(기본신분은 공무원이 아님) (18~50세)	민간인 (18세 이상인 자)
보수	경찰공무원 보수 규정	경찰청장 매년 최저 임금 고시	협회에서 조정하며 계약에 따름
복장장비	행정안전부령 규정	청원경찰법 규정	경비업법 규정
직무범위	광역, 공공영역 중요 지점 설정 활동	지정된 공공영역 시설주가 요구한 시설물 및 지역	일정한 사적 영역, 운송 및 혼잡경비도 가능

무기휴대	무기휴대 가능	근무지역에서만 무기휴대 가능	무기휴대 불가
손해배상	국가 책임 (국가배상법)	시설주 책임 (원칙적 민사책임)	경비업자 책임 (민사책임)
직무 (권한)	사회공공의 질서유지, 경찰관 직무집행법 범위 내－범죄 예방, 수사, 범인체포, 요인 경호, 대간첩작전, 정보수집 · 분석 · 배포, 교통단속, 위해 방지, 공공 안녕, 질서유지	근무하는 경비구역 내에서만 경찰관 직무집행법에 의한 직무수행	특별권한 없음 직무 시는 사인으로 적용됨 ① 정당방위 (형법 제21조) ② 긴급피난 (형법 제22조) ③ 자구행위 (형법 제23조)

(5) 교육훈련제도

우리나라에서 경비원의 교육제도는 크게 일반경비원 교육, 특수경비원 교육 및 경비지도사 기본교육으로 나뉜다. 일반경비원의 교육은 신임교육과 직무교육으로 구별하여 시행하고 있으며 신임교육은 경비협회, 경찰교육기관, 경비업무 관련 학과가 설치된 대학 등 교육을 전문적으로 수행할 수 있는 기관 또는 단체가 실시하고, 직무교육은 경비업자가 실시한다. 신임교육은 총 15시간이며 학과교육, 실무교육, 무술교육 등으로 이루어져 있고, 직무교육은 매월 4시간 이상을 실시하여야 한다.

특수경비원의 신임교육은 경찰교육기관이나 행정안전부령이 정하는 기준에 적합한 기관 또는 단체에서 개설한 특수경비원 신임교육 과정에 입교시켜 학과교육, 실무교육, 무술교육 등을 80시간 이상 실시하여야 하며 직무교육은 매월 6시간 이상 경비업자가 실시하도록 되어 있다.

(6) 자격증제도

우리나라에서는 자격제도로 경비지도사제도를 운영하고 있다. 경비지도사는 시설경비, 인력경비, 신변보호, 특수경비업무에 종사하는 경비원을 지도·감독·교육하는 일반경비지도사와 기계경비업무에 종사하는 경비원을 지도·감독·교육하는 기계경비지도사가 있으며 경비지도사의 직무는 다음과 같다.

첫째, 경비원의 지도·감독·교육에 관한 계획의 수립·실시 및 기록의 유지

둘째, 경비현장에 배치된 경비원에 대한 순회점검 및 지도

셋째, 경찰기관 및 소방기관의 연락방법에 대한 지도

넷째, 그 밖의 대통령령에서 정하는 직무

여기서 대통령령이 정하는 직무로는 기계경비업무를 위한 기계장치의 운용·감독과 오경보 방지를 위한 기기관리의 감독 등이 있다(김태민, 2012: 111-134). 현행법상 경비업자는 영업지역을 관할하는 지방경찰청의 관할 구역별로 경비원 200인까지는 경비지도사 1인씩 선임·배치하되, 200인을 초과하는 100인까지마다 1인씩 추가로 선임·배치하도록 하고 있다. 다만 특수경비업의 경우는 특수경비원 교육을 이수한 일반경비지도사를 선임·배치하도록 하고 있다.

또한 시설경비업·호송경비업·신변보호업 및 특수경비업 가운

데 2개 이상의 경비업을 하는 경우 경비지도사의 배치는 각 경비업에 종사하는 경비원의 수를 합산한 인원을 기준으로 해야 한다(김태민, 2012).

기계경비지도사의 경우에는 일반경비지도사의 선임·배치 기준과 동일하나 경비지도사가 선임·배치된 지방경찰청의 관할 구역에 인접하는 지방경찰청의 관할 구역에 배치되는 경비원이 30인 이하인 경우에는 경비지도사를 따로 선임·배치하지 않아도 된다(김태민, 2012).

(7) 「경비업법」의 주요 개정내용

① 1976년 12월 31일 「용역경비업법」의 제정

「용역경비업법」은 산업시설·공공시설·사무소 등 기타 경비를 요하는 시설물의 경비업을 할 수 있도록 계약경비업에 관한 사항을 정하여 계약경비업무의 실시에 적정을 기하려는 목적으로 제정되었으며 주요 내용은 다음과 같다.

- 계약경비업은 법인만이 할 수 있도록 함.
- 계약경비업을 경영하고자 하는 자는 서울특별시장·부산시장 또는 도지사의 허가를 받도록 함.
- 파산선고를 받고 복권되지 아니한 자와 금치산자 및 한정치산자, 금고 이상의 형을 받은 자 등은 계약경비업 법인의 임원이 될 수 없도록 함.
- 경비원은 근무 중 복장과 장구를 착용하도록 함.
- 계약경비업의 건전한 발전을 위하여 계약경비협회를 설립하

도록 함(김태민, 2012).

② 1981년 2월 14일 「용역경비업법」 일부개정

계약경비원이 될 수 있는 자의 연령상한을 50세에서 55세로 연장한 일부개정이 있었다.

③ 1983년 12월 30일 「용역경비업법」 일부개정

계약경비업자의 불필요한 신고의무를 완화하고, 벌칙을 현실에 맞게 조정했으며 주요 개정내용은 다음과 같다.

- 계약경비업자가 경비원을 채용 또는 해임할 때에 관할 경찰서장에게 신고를 하도록 하던 것을 폐지함.
- 무허가영업행위에 대한 벌칙을 1년 이하의 징역 또는 50만 원 이하의 벌금에서 1년 이하의 징역 또는 100만 원 이하의 벌금으로 조정함.
- 휴업신고의무위반 등 경미한 위반행위에 대한 벌칙을 과태료로 완화함.

④ 1989년 12월 27일 「용역경비업법」 일부개정

계약경비업을 건전하게 육성 · 발전시키기 위하여 경비원의 권익을 증진하고, 경비원의 자격연령을 연장하며, 계약경비업자의 손해배상보장제도를 개선하려는 것이며 주요 개정내용은 다음과 같다.

- 계약경비원이 될 수 없는 연령제한을 18세 이하이거나 55세 이상에서 18세 미만이거나 59세 이상으로 완화함.
- 계약경비협회는 계약경비업자의 손해배상책임을 보장하기 위하여 공제사업을 할 수 있도록 하고, 계약경비업자는 손해배

상을 위해 현금 등을 공탁하거나 이행보증보험계약을 보험회사와 체결하는 대신에 공제에 가입할 수 있도록 함.

⑤ 1995년 12월 30일 「용역경비업법」 일부개정

사설경비업을 계약경비업의 한 분야로 흡수하고, 경비원의 자질향상을 도모하기 위하여 경비원의 지도·감독 및 교육을 전담하는 경비지도사제도를 신설하며, 계약경비업을 건전하게 육성하기 위하여 현행법에 나타난 일부 미비점을 보완하였다.

- 개인의 신변을 보호하고 위해 발생을 방지하는 신변보호업무를 계약경비업의 한 분야로 추가함.
- 계약경비업에 대한 경찰청장의 허가권한을 계약경비업을 하고자 하는 법인의 주사무소의 소재지를 관할하는 지방경찰청장에게 이양함.
- 계약경비업체의 임·직원, 경비지도사 및 경비원은 직무상 알게 된 경비대상의 비밀을 누설하거나 부정한 목적으로 사용하지 못하도록 함.
- 경비원에 대한 지도·감독 및 교육을 전담할 수 있도록 경비지도사제도를 신설함.

⑥ 1999년 3월 31일 「경비업법」으로 법률 명칭 변경

기존의 「용역경비업법」에서 「경비업법」으로 명칭을 변경하였으며, 「행정규제기본법」에 의한 규제정비계획에 따라 경비지도사의 자격 등과 관련된 규정을 합리적으로 조정하고, 설립과 가입이 강제되던 계약경비협회 관련 규정을 정비하는 등 계약경비업과 관련된 과도한 규제를 개선·완화하였다.

⑦ 2001년 4월 7일 「경비업법」 전부개정

국가중요시설에 대한 효율적인 경비체계의 구축을 위하여 경비업의 종류에 특수경비업무를 추가하고, 기계경비산업이 급속히 발전함에 따라 기계경비업무의 신고제를 허가제로 변경하는 한편, 기계경비업자의 신속대응조치 의무에 관한 사항을 규정하는 등 현행 제도의 운영상 나타난 일부 미비점을 개선·보완하려는 「경비업법」의 개정이 이루어졌으며 주요 내용은 다음과 같다.

- 기계경비업무를 신고제에서 허가제로 변경하고, 국가중요시설의 경비를 담당하는 특수경비업무를 경비업의 종류로 신설함(법 제2조 제1호 라목 및 마목).
- 경비업 허가의 실효성을 확보하기 위하여 경비업 허가를 5년마다 갱신하도록 함(법 제6조).
- 국가중요시설을 경비하는 특수경비업자는 부득이한 사유로 경비업무를 계속할 수 없는 경우에 대비하여 경비대행업자를 지정하도록 함(법 제7조 제6항 및 제7항).
- 기계경비업자는 경비대상시설에 대한 경보를 수신한 때에는 신속하게 대응조치를 취하도록 하고, 계약상대방에게 기기사용요령 등을 설명하도록 함(법 제8조 및 제9조 제1항).
- 지방경찰청장은 국가중요시설의 경비업무 수행을 위하여 필요한 경우에 관할 경찰관서장으로 하여금 시설주의 신청에 의하여 시설주에게 무기를 대여하게 하고, 대여받은 무기의 관리책임은 시설주 및 관할 경찰관서장이 지도록 하며, 관할 경찰관서장은 무기관리상황을 지도·감독하여야 하고, 시설주는 대여받은 무기를 특수경비업자에게 제공하여 특수경비

원으로 하여금 무기를 휴대·사용할 수 있도록 함(법 제14조 제3항 내지 제8항).

- 특수경비원의 복종의무·경비구역이탈금지의무와 무기의 안전사용수칙을 준수할 의무를 법률에서 구체적으로 명시함(법 제15조).
- 국가중요시설의 정상적 운영을 해치는 장해를 일으킨 경우와 정당한 사유 없이 무기를 소지하고 배치된 경비구역을 벗어나는 경우 등에 대한 벌칙을 규정하는 한편, 경비업무 수행중 권한을 남용하여 폭행·상해 등의 죄를 범한 경우 그 형을 가중하도록 함(법 제28조 및 제29조).
- 특수경비원의 단체행동권을 금지하고, 무기 오남용을 방지하기 위하여 무기안전수칙을 법률에 구체적으로 명시함(법 제15조 제3항 및 제4항).

⑧ 2002년 12월 18일 「경비업법」 일부개정

경비업자의 대부분이 경비업 외에 다른 업무를 겸업하고 있는 경비업계의 현 실정에 맞추어 이 법에 의한 경비업 외의 영업을 할 수 없도록 하는 경비업자의 겸업금지의무를 특수경비업자로 한정함으로써 경비업자의 영업에 대한 규제를 완화하였다.

⑨ 2005년 5월 31일 「경비업법」 일부개정

법률의 위임근거 없이 시행령에 규정되어 있던 경비지도사 및 그 종류에 관한 사항과 경비업의 허가를 받거나 허가증을 재교부받고자 하는 자가 납부하여야 하는 수수료에 관한 사항을 법률에 직접 규정하였다.

⑩ 2008년 12월 26일 「경비업법」 일부개정

현행 양벌규정은 영업주가 종업원 등에 대한 관리·감독상 주의의무를 다하였는지 여부에 관계없이 영업주를 처벌하도록 하고 있어 책임주의 원칙에 위배될 소지가 있으므로, 영업주가 종업원 등에 대한 관리·감독상 주의의무를 다한 경우에는 처벌을 면하게 함으로써 양벌규정에도 책임주의 원칙이 관철되도록 하였다.

⑪ 2009년 4월 1일 「경비업법」 일부개정

특수경비원이 국가중요시설에 배치되며 유사시 무기를 휴대하는 자로서 무기의 적정 사용 및 피탈 방지 등을 위해 일정한 체력이 요구된다는 점을 고려한 것이지만, 한국인의 평균수명이 연장되고 있는 현실에서 특수경비원의 연령상한을 58세로 한정하는 것은 적절하지 아니하므로 이를 60세로 연장하였다.

⑫ 2013년 6월 7일 「경비업법」 일부개정

1976년 「경비업법」이 제정된 이후 경비업은 단순 시설 경비에서부터 공항·항만·원자력발전소 등 국가중요시설의 경비로 그 영역이 계속 확장되면서 현재 치안서비스의 상당 부분을 보완하는 기능을 하고 있으나, 최근 집단민원현장에서 발생한 노조원과 경비원 간의 무력충돌이나 무자격 경비원이 동원되어 폭력사태가 일어나는 등 국민생활에 불안감을 주고 있어 경비업자 및 경비원에 대한 규제를 강화하여야 한다는 사회적 요구가 커지고 있는바, 경비업체의 난립을 막기 위해 경비업의 허가요건을 강화하는 한편, 경비원의 폭력이 문제가 되는 노사분규·재개발현장 등 집단민원현장을 법률에 명확히 규정하고, 집단민원현장에 경비원을 배치할 경우 배치 48시간 전까지 관할 경찰관서장의 배치허가를 받도록 하며, 경비업자와 경비원들의 경비업무를 벗어난 불법적 행위에 대한 규제 및 처벌을 강화하는 등 현행 제도의 운영상 나타난 일부 문제점을 개선·보완하려는 개정이 이루어졌다. 주요 내용은 다음과 같다.

- 집단민원현장을 노사분규, 재개발현장 등 구체적으로 열거하여 명확히 규정함(안 제2조 제5호 신설).
- 경비업 허가를 받으려는 법인의 자본금 최저 기준을 1억 원이상으로 하고, 시설경비업무의 경우 20명 이상의 경비원과 경비지도사 1명 이상의 경비인력을 갖추도록 함(안 제4조 제2항).
- 다른 경비업체와 동일명칭을 사용하여 허가를 받을 수 없도록 하고, 허가받은 경비업무 외의 업무에 경비원을 종사하게 하거나 경비업무의 범위를 벗어난 행위를 하게 하여 허가가 취소된 경우에는 누구라도 허가가 취소된 경비업체와 동일한 명칭으로 10년간 허가를 받을 수 없도록 하며, 허가가 취소된 법인은 법인명 또는 임원의 변경에도 불구하고 허가가 취소된 날부터 5년간 경비업 허가를 받을 수 없도록 함(안 제4조의2 신설).
- 허가받은 경비업무 외의 업무에 경비원을 종사하게 하거나 경비업무의 범위를 벗어난 행위를 하게 하여 허가가 취소된 경비업체의 임원은 취소된 날부터 5년간 경비업체의 임원이 될 수 없도록 함(안 제5조 제6호 신설).
- 경비업자가 집단민원현장에 경비원을 배치하는 때에는 배치현장에 경비지도사를 선임·배치하여 안전행정부령으로 정하

는 바에 따라 경비원을 지도·감독하게 하여야 함(안 제7조 제6항 및 제12조 제4호 신설).

- 무허가 경비업자에게 경비업무를 도급 주는 행위를 금지하고, 집단민원현장에서 무허가 경비업자에게 경비업무를 도급 주는 경우에는 처벌하도록 함(안 제7조의2 제1항 및 제28조 제2항 제4호 신설).
- 누구든지 집단민원현장에 경비인력을 20명 이상 배치하려고 할 때에는 경비인력을 직접 고용하여서는 아니 되고, 허가받은 경비업자에게 경비업무를 도급하여야 하되, 집단민원현장 발생 3개월 전까지 직접 고용하여 경비업무를 수행하는 피고용인은 제외하도록 함(안 제7조의2 신설).
- 경비지도사 및 경비원의 결격사유의 범위에 범죄단체의 조직 및 구성·활동 전과자, 「경비업법」 위반 전과자, 「형법」상 강도·절도 및 성범죄 전과자 등을 추가함(안 제10조 제1항 제5호부터 제8호까지 신설, 안 제10조 제2항 제2호).
- 경비업자는 경찰 또는 군인과 명확히 구별되는 경비원의 복장을 정하여 주사무소를 관할하는 지방경찰청장에게 사진을 첨부하여 신고하여야 하고, 경비원에게 소속 경비업체를 표시한 이름표를 부착하여 신고된 동일한 복장을 착용하게 하여야 하며, 지방경찰청장은 제출받은 사진을 검토하여 경비업자에게 복장 변경 등에 대한 시정명령을 할 수 있고, 경비업자는 이행보고를 하여야 함(안 제16조).
- 경비원의 휴대장비의 종류는 경적·단봉·분사기 등 안전행정부령으로 정하고, 경비원은 경비업무를 위하여 필요하다고

인정되는 상당한 이유가 있을 때에 한해 필요 최소한도에서 장비를 사용할 수 있도록 하며, 출동차량 등에 대해서는 도색 및 표지를 경찰차량 및 군차량과 명확히 구별될 수 있도록 이를 확인할 수 있는 사진을 첨부하여 주된 사무소를 관할하는 지방경찰청장에게 신고하도록 함(안 제16조의2 및 제16조의3 신설).

- 경찰청장, 지방경찰청장 또는 관할 경찰관서장의 경비업체 임원, 경비지도사 또는 경비원에 대한 범죄경력조회 근거를 신설하고, 경비업자도 필요한 경우 지방경찰청장 또는 관할 경찰관서장에게 경비원 등에 대한 범죄경력조회를 요청할 수 있는 근거를 마련함(안 제17조).
- 경비업자가 집단민원현장에 경비원을 배치할 경우에는 경비원의 명부를 배치현장에도 작성 · 비치하도록 하고, 경비원을 배치하기 48시간 전까지 배치장소의 관할 경찰관서장에게 배치허가를 신청하도록 하며, 특수경비원과 집단민원현장 외에 배치되는 신변보호 경비원은 배치 전까지 신고하도록 함(안 제18조).
- 상해 · 폭행 · 체포 및 감금의 죄를 범한 경력이 있는 사람을 집단민원현장에 배치하지 못하도록 하고, 경비원 명부에 없는 사람을 경비업무에 종사하게 하여서는 아니 되며, 경비원 신임교육 이수 후 경비원을 배치하도록 함(안 제18조 제4항 · 제6항 및 제7항 신설).
- 배치허가를 받지 않고 경비원을 배치하거나, 배치허가신청의 내용을 거짓으로 하는 등의 사유가 있는 경우, 관할 경찰관서

장이 배치폐지명령을 할 수 있도록 함(안 제18조 제8항 신설).

- 경비원에게 경비업무의 범위를 벗어난 행위를 하게 한 경우와 관할 경찰관서장의 배치폐지명령을 따르지 아니하는 경우 등을 허가취소 또는 영업정지의 사유에 추가하는 등 행정처분의 기준을 강화함(안 제19조 제1항, 안 제19조 제2항 신설).
- 경비업자나 경비원이 이 법이나 이 법에 따른 명령, 「폭력행위 등 처벌에 관한 법률」을 위반하는 행위를 하는 경우 지방경찰청장이나 관할 경찰관서장은 위반행위 중지를 명할 수 있도록 함(안 제24조 제3항 신설).
- 경비원이 제16조의2 제1항에서 정한 장비 외의 흉기 또는 그 밖의 위험한 물건을 휴대하고 「형법」 제257조 제1항 등의 죄를 범한 때에는 그 죄에 정한 형의 2분의 1까지 가중처벌하도록 함(안 제29조 제2항 신설).

⑬ 2014년 12월 30일 「경비업법」 일부개정

「민법」의 개정으로 2013년 7월 1일부터 금치산·한정치산 제도가 성년후견·한정후견 제도로 변경된 것을 반영하여 경비업체의 임원·경비지도사 및 경비원의 결격사유 중 금치산자와 한정치산자를 피성년후견인과 피한정후견인으로 대체하고, 「아동·청소년의 성보호에 관한 법률」의 취업제한 규정에 따라 성범죄 전력이 있는 경우 10년간 경비업 법인에서 경비업무에 종사할 수 없도록 규정하고 있어, 이를 반영하여 성범죄 결격자 배제기간을 5년에서 10년으로 상향하는 한편, 경비지도사 자격정지 기간 중 경비지도사로 선임되어 활동하여도 이에 대한 취소규정이 없어 행정처분을 하지 못하는 불합리한 점을 시정하기 위하여 자격정지 기간 중 경비지도사로 선임되어 활동하였을 경우 이를 취소할 수 있는 규정을 신설하였다. 개정 주요 내용은 다음과 같다.

- 경비업체의 임원·경비지도사 및 경비원의 결격사유에서 금치산자 또는 한정치산자를 피성년후견인 또는 피한정후견인으로 대체함(제5조 제1호, 제10조 제1항 제1호 및 같은 조 제2항 제1호).
- 성범죄 전력이 있는 사람이 경비업에 종사할 수 없는 기간을 5년에서 10년으로 상향함(제10조 제1항 제5호·제7호).
- 경비지도사 자격정지 기간 중 선임되어 활동했을 경우 경비지도사 자격을 취소할 수 있는 규정을 신설함(제20조 제1항 제4호 신설).

⑭ 2015년 7월 20일「경비업법」일부개정

경비협회의 입찰보증 등의 공제사업을 통해 중소 경비업체들이 저렴한 가격으로 보증보험업체 또는 금융기관 보증상품을 이용할 수 있도록 하되, 공제사업 운영주체의 전문성 부족 등에 따라 금융감독원의 검사 등의 통제장치를 마련하기 위한 개정이 이루어졌다.

또한, 경찰의 감독업무 강화 및 경비업의 건전한 운영을 제고하기 위하여 경비업무를 도급하려는 자가 경비업자의 경비원 채용 시 무자격자·부적격자 등을 채용하도록 관여하거나 영향력을 행사할 수 없도록 하고, 경비업무 장소가 집단민원현장으로 판단될 때에 관할 경찰관서장은 경비원 배치허가를 받도록 48시간 이내에 경비업자에게 고지하도록 하였다.

- 경비업무를 도급하려는 자가 경비업자의 경비원 채용 시 무자격자 · 부적격자 등을 채용하도록 관여하거나 영향력을 행사할 수 없도록 하고, 위반 시 징역 또는 벌금에 처하도록 함(제7조의2 제3항 및 제28조 제2항 제6호 신설).
- 경비협회의 공제사업 범위를 확대하여 입찰보증 · 계약보증 · 하도급보증을 위한 공제사업, 경비원의 복지향상 등을 위한 공제사업 등을 할 수 있도록 하고, 금융위원회와의 협의 및 금융감독원의 원장에 대한 검사 요청의 근거를 마련함(제23조).
- 지방경찰청장 또는 관할 경찰관서장은 경비업무 장소가 집단민원현장으로 판단되는 경우 경비원 배치허가를 받도록 하고 48시간 이내에 경비업자에게 고지하도록 함(제24조 제4항 신설).

⑮ 2017년 10월 24일 「경비업법」 일부개정

국민의 경비지도사 자격 취득 기회를 최대한 보장하기 위하여 경비지도사시험은 매년 1회 이상 시행하도록 규정하고, 1년 이내에 경비 도급실적이 없는 경비업자의 경우 매년 폐업 후 다시 허가를 받아야 하는 불편을 해소하기 위하여 경비 도급실적의 산정기간을 1년에서 2년으로 연장하며, 불법행위에 대하여 법률마다 행정형벌의 편차가 큰 것을 개선하기 위하여 특수경비원이 국가중요시설의 정상적인 운영을 해치는 장해를 일으킨 경우 7년 이하의 징역을 5년 이하의 징역으로 하향조정하였다.

⑯ 2019년 4월 16일 「경비업법」 일부개정

경비지도사의 시험 및 교육에 관한 업무를 위탁받은 기관 또는 단체의 임직원은 그 업무를 수행함에 있어 공무원과 유사한 정도의 공정성과 청렴성이 요구되므로 「형법」 제129조부터 제132조까지의 규정에 따른 벌칙을 적용할 때 공무원으로 의제하도록 하는 개정이 이루어졌다.

⑰ **2022년 11월 15일 「경비업법」 일부개정**

시설경비업을 영위하려는 법인의 경비인력 확보 부담을 완화하기 위하여 시설경비업 허가 요건 중 최소 경비원 수를 20명에서 10명으로 하향조정하는 한편, 특수경비원 인력을 원활히 운영하기 위하여 특수경비원이 결격사유에 해당하게 되면 당연 퇴직되도록 하되, 상반기에 정년에 도달하면 6월 30일에, 하반기에 정년에 도달하면 12월 31일에 당연 퇴직되도록 하고, 금고 이상의 형의 선고유예를 받고 그 유예기간 중에 있는 경우에는 성폭력범죄나 아동·청소년 성범죄 등의 죄를 범한 경우에만 당연 퇴직되도록 하는 등 유사직무 종사자와의 형평성을 고려하여 당연 퇴직 요건을 규정하였다.

⑱ **2024년 2월 13일 「경비업법」 일부개정**

경비지도사 보수교육제도를 신설하여 그 교육을 이수하지 않은 경우 과태료를 부과할 수 있도록 하고, 경비지도사 및 경비원에 대한 교육기관을 지정할 수 있는 근거를 마련하며, 경비업자가 경비지도사를 선임 또는 해임할 때 관할 시·도경찰청장 등에게 신고하도록 하는 등 현행 제도의 운영상 나타난 일부 미비점을 개선·보완하였다.

⑲ 2024년 1월 30일「경비업법」일부개정

경비업무의 종류에 혼잡·교통유도경비업무를 추가하고, 혼잡·교통유도경비업무를 일반경비원의 업무로 규정함으로써 혼잡·교통유도경비가 경비업의 분야로 확대되었다.

제 2 편

민간경비 각론

제 2 장

민간경비원의 의미

제 1 절 민간경비원의 의의

1. 민간경비원의 정의

각국의 민간경비업은 그 사회의 특수한 환경적 영향에 의해 형성된 만큼 나라마다 다양한 발전 과정을 거쳤으며 고유한 특성을 갖고 있다. 공경비, 즉 경찰에 대응하는 개념으로서 우리는 주로 민간경비라는 단어를 사용하지만 경비업은 본질적으로 민간의 영역일 수밖에 없다. 민간경비는 현실적으로 공적인 기능을 보충하기 때문에 어느 범위까지 경비의 공익적 기능을 인정할 수 있을 것인가가 학문적인 논점이 되는데 이는 국회의 광범위한 입법형성권에 의하여 민간경비의 내용과 기능이 정해지게 된다.

우리나라의 법제는 성문의 규범을 중시하고 사실관계에 대한 판단을 법원이 중점적으로 심리하는 대륙법계 체계를 취하고 있기 때문에 영미법계 국가에 비해서 경비원의 권한이 제한적일 수밖에 없다.

2. 경비원의 의미

「경비업법」은 경비원을 일반경비원과 특수경비원으로 구별하고 경비지도사는 경비원을 지도·감독 및 교육하는 자라고 규정하고 있다. 경비원은 「경비업법」 제2조 제1호의 경비업무를 하는 행위주체이며, 「경비업법」 제2조 제3호에 의하여 경비업의 허가를 받은 법인이 채용한 고용인을 의미한다.

3. 경비원의 사회적 처우 및 평판의 문제점

지속적으로 문제가 되고 있는 경비원에 대한 인권침해 내지는 사회적 처우·평판의 문제는 법률이 경비원의 지위를 어떻게 부여하고 있는가의 문제로서 업종 전문성의 부여(附與)와 밀접한 관련이 있다. 즉, 경비원의 자질과 능력은 경비원의 자격취득과 관련이 있고, 경비원의 질적 향상과 경비업의 발전은 경비원의 자격제도의 도입을 통해 이루어질 수 있다.

최근 경비원에 대한 인권침해 사례가 많이 발생하고 있으며, 시설경비업 허가를 받은 경비업자가 경비원으로 하여금 경비업무 이외에 음식물 쓰레기통 세척, 택배관리, 주변 환경정비와 같은 비경비 업무를 수행하게 하는 문제에 대한 법원의 판단이 있었다. 해당 사안에 대하여 경비업자에게 취소 결정이 이루어졌고 경비업자는 「경비업법」 제7조 제5항의 위헌 여부를 다투었다. 헌법재판소는 이 사건에 대하여 해당 조항은 "국민의 생명·신체 또는 재산에 대한 위험을 방지하고자 하는 경비업무 전념성을 보장하기 위한 규정이라 전제하고 입법목적의 정당성 및 수단의 적합성은 인정"하였으나 전념성을 훼손의 정도를 고려하지 않고 필요적으로 경비업 허가를 취소하도록 한 규정에 대하여 비례성을 일탈한 것으로 보아 경비업자의 직업의 자유를 침해한 것으로 판단한 바 있다.[1] 이 판결에 대한 반대의견으로 경비업의 전문성과 안정성을 유지하여 국민의 생명·신체 및 재산을 보호하려는 공익이 경비업자의 직업의 자유 제한에 비해 크다고 보아 법익의 균형성을 갖추었다고 하여 합헌의견을 냈다.

이 판결은 헌법재판소가 경비업을 국민의 생명·신체 또는 재산에 대한 위험을 방지하고자 하는 업무로 인정하였으며 치안행정에

---

1) 헌법재판소 재판관 6인의 헌법불합치 의견은 경비업무의 전념성이 훼손되는 정도를 고려하지 아니한 채 경비업자가 경비원으로 하여금 비경비업무에 종사하도록 하는 것을 일률적·전면적으로 금지하고 있는 점, 경비업자가 허가받은 시설경비업무 외의 업무에 경비원을 종사하게 한 때에는 필요적으로 경비업의 허가를 취소하도록 규정하고 있는 점 등은 침해의 최소성에 위배되며 허가받은 경비업 전체를 취소하도록 한 것은 법익의 균형성에도 반한다고 보아 과잉금지원칙 위반을 들어 경비업자의 직업의 자유를 침해한다고 판시하였다. 2020헌가19 참조.

기여하고 공공의 안전 및 사회질서를 유지하는 공적인 역할에 대하여 언급한 점에서 의미가 있다.

경비원에 대한 사회적 지위의 확보와 위계 등에 의한 인권침해를 방지하여 직업의 안정성을 꾀하기 위하여는 경비업 업무에 대한 인식의 변화가 필요하다. 경비업무는 다양한 방면에서 사적인 업무와 공적인 업무의 경계에 존재하고 넓은 의미에서 국민의 생명·신체 및 재산을 보호하고 안전한 사회를 위한 중요한 역할을 담당하고 있기 때문이다. 주요 방법론으로 제시되는 것이 경비업에 대한 전문 자격제도의 신설이다. 이와 더불어 전문 직업으로서 경비원의 사기진작과 안정적 직업활동을 위해 「경비업법」 개정이 필요하다. 구체적으로 법 제1조에 목적 규정을 신설하여 경비원의 인권보장을 위한 장치를 법문에 추가하는 방법을 고려할 수 있다. '이 법은 경비업의 육성 및 발전과 그 체계적 관리에 관하여 필요한 사항을 정하고 경비원의 인권 보호를 통해 경비업의 건전한 운영에 이바지함을 목적으로 한다'와 같은 목적 규정의 신설이 가능할 것으로 생각된다. 이를 통해 경비업 및 경비업자는 전문직종이라는 인식 변화의 계기가 마련될 수 있다.

4. 경비원의 결격사유

현행 우리나라 「경비업법」상 경비원의 결격사유에 대하여는 법 제10조에서 규정하고 있으며 그 내용은 다음과 같다.

제10조(경비지도사 및 경비원의 결격사유) ① 다음 각 호의 어느 하나에 해당하는 자는 경비지도사 또는 일반경비원이 될 수 없다. 〈개정 2013. 6. 7., 2014. 12. 30., 2021. 1. 12.〉

1. 18세 미만인 사람 또는 피성년후견인
2. 파산선고를 받고 복권되지 아니한 자
3. 금고 이상의 실형의 선고를 받고 그 집행이 종료(집행이 종료된 것으로 보는 경우를 포함한다)되거나 집행이 면제된 날부터 5년이 지나지 아니한 자
4. 금고 이상의 형의 집행유예선고를 받고 그 유예기간 중에 있는 자
5. 다음 각 목의 어느 하나에 해당하는 죄를 범하여 벌금형을 선고받은 날부터 10년이 지나지 아니하거나 금고 이상의 형을 선고받고 그 집행이 종료된(종료된 것으로 보는 경우를 포함한다) 날 또는 집행이 유예·면제된 날부터 10년이 지나지 아니한 자
   가. 「형법」 제114조의 죄
   나. 「폭력행위 등 처벌에 관한 법률」 제4조의 죄
   다. 「형법」 제297조, 제297조의2, 제298조부터 제301조까지, 제301조의2, 제302조, 제303조, 제305조, 제305조의2의 죄
   라. 「성폭력범죄의 처벌 등에 관한 특례법」 제3조부터 제11조까지 및 제15조(제3조부터 제9조까지의 미수범만 해당한다)의 죄
   마. 「아동·청소년의 성보호에 관한 법률」 제7조 및 제8조의 죄
   바. 다목부터 마목까지의 죄로서 다른 법률에 따라 가중처벌되는 죄
6. 다음 각 목의 어느 하나에 해당하는 죄를 범하여 벌금형을 선고받은 날부터 5년이 지나지 아니하거나 금고 이상의 형을 선고받고 그 집행이 유예된 날부터 5년이 지나지 아니한 자

가. 「형법」 제329조부터 제331조까지, 제331조의2 및 제332조부터 제343조까지의 죄
나. 가목의 죄로서 다른 법률에 따라 가중처벌되는 죄
다. 삭제 〈2014. 12. 30.〉
라. 삭제 〈2014. 12. 30.〉

7. 제5호 다목부터 바목까지의 어느 하나에 해당하는 죄를 범하여 치료감호를 선고받고 그 집행이 종료된 날 또는 집행이 면제된 날부터 10년이 지나지 아니한 자 또는 제6호 각 목의 어느 하나에 해당하는 죄를 범하여 치료감호를 선고받고 그 집행이 면제된 날부터 5년이 지나지 아니한 자
8. 이 법이나 이 법에 따른 명령을 위반하여 벌금형을 선고받은 날부터 5년이 지나지 아니하거나 금고 이상의 형을 선고받고 그 집행이 유예된 날부터 5년이 지나지 아니한 자

② 다음 각 호의 어느 하나에 해당하는 자는 특수경비원이 될 수 없다. 〈개정 2008. 2. 29., 2009. 4. 1., 2013. 3. 23., 2013. 6. 7., 2014. 11. 19., 2014. 12. 30., 2017. 7. 26., 2021. 1. 12.〉

1. 18세 미만이거나 60세 이상인 사람 또는 피성년후견인
2. 심신상실자, 알코올 중독자 등 대통령령으로 정하는 정신적 제약이 있는 자
3. 제1항 제2호부터 제8호까지의 어느 하나에 해당하는 자
4. 금고 이상의 형의 선고유예를 받고 그 유예기간 중에 있는 자
5. 행정안전부령으로 정하는 신체조건에 미달되는 자

③ 경비업자는 제1항 각호 또는 제2항 각호의 결격사유에 해당하는 자를 경비지도사 또는 경비원으로 채용 또는 근무하게 하여서는 아니 된다.

경비원에 대한 자격제도가 도입될 경우 그 결격사유를 어떻게 구성할 것인가에 대해서는 일본의 경비원 자격제도와 비교해 볼 필요가 있다. 일본의 경비원 결격사유에는 개별 법률이 정한 사유와 함께 알코올, 마약, 대마, 아편, 각성제 중독자 등을 경비원의 결격사유로 정하고 있다. 경비원은 위험을 예방하는 공익적 역할을 수행하는 직업으로서 반사회적인 범죄 경력에 대하여는 엄격하게 대응해야 경비원 제도에 대한 신뢰를 도모할 수 있다. 시대에 따라 발생하는 범죄의 유형이 변화하고 그 비난가능성도 변화하는 개념이기 때문에 법률의 개정 시에 사회 변화에 맞는 유연한 대응이 필요하다. 증가하고 있는 약물 및 마약 등의 범죄경력자는 일본의 사례를 고려하여 경비원 결격사유에 포함시킬 필요가 있다.

경비원 자격제도의 도입은 경비업의 세분화·전문화의 전제조건이자 필요조건이다. 경비의 특성에 맞는 교육을 통한 전문경비원의 양성은 안전한 사회를 만드는 밑거름이 될 것이다. 새롭게 도입된 혼잡·교통유도경비 분야는 엄격한 안전관리가 요구되는 업무 영역이자 국민의 생명보호와 밀접한 관련이 있다. 또한 전문성 자격검증 및 교육·훈련을 담보해야 주어진 경비업무를 안정적으로 수행할 수 있으므로, 전문적 교육 과정을 마련하고 교육기관을 선정하여 이를 통한 전문경비원의 양성이 필요하다. 이는 경비원 자격제도의 도입을 의미하는데 경비 특성에 맞는 각각의 복수의 자격 검정 절차를 도입해야 한다. 나아가 경비지도사의 자격 역시 경비 영역의 특성에 따라 각각의 전문 경비자격증으로 세분화시킬 필요가 있다.

제 3 장

민간경비의 유형

제 1 절 자체경비와 계약경비

경비의 주체에 따라 자체경비와 계약경비로 구별할 수 있다.

1. 자체경비

1) 자체경비의 개념

자체경비란 경비수요자가 필요한 인력을 직접 고용하여 추구하고자 하는 경비의 특성에 맞게 독자적으로 운영하는 경비서비스를 말한다. 필요한 업무능력을 갖춘 경비원을 요구하므로 자체경비원들의 채용과정은 상대적으로 엄격한 편이다.

2) 자체경비의 장단점

고용주가 직접 고용하여 관리하기 때문에 통제가 용이하며 자체경비는 계약경비에 비해 이직률이 낮다. 계약경비원과 달리 고용주에 의해 직접 고용되기 때문에 업무 충성도가 더 높고 비교적 높은 급료를 받으며, 양질의 능력 있는 인원을 고용하기 때문에 업무안정성 및 만족도가 높다.

자체경비는 상대적으로 근접경비를 하는 경우가 대부분이며 업무파악이 잘 되어 있고 변화하는 경비상황에 대한 신속한 대처가 가능하며 자체경비보다 안정적 직업특성을 가지고 있으며 경비원 개인의 자기개발 노력을 도모할 수 있는 장점이 있다.

자체경비의 단점으로 들 수 있는 점은 경비 비용이 상대적으로 많이 든다고 할 수 있다. 즉, 경비원의 신규모집, 신원확인의 절차, 훈련프로그램의 구성 및 업무 숙련도를 담보하기 위한 각 과정을 자체적으로 실시하기 때문에 인사관리 및 행정관리에 대한 비용이 많이 소모되며, 유연성이 상대적으로 떨어진다는 단점이 있다. 계약경비와 비교할 때 경비원의 퇴직, 이직이 이루어지는 경우 새로운 전문인력의 충원이 어렵다는 문제점도 있다.

2. 계약경비

1) 계약경비의 개념

계약경비란 산업시설 및 주요 시설의 경비를 자체적인 조직에 의하지 않고 전문적인 경비업무를 하는 기관과 계약을 체결하여 경비활동을 수행하는 것을 말한다. 이는 비용이 저렴하고 효과적인 경비활동을 실시할 수 있으므로 점차 확대되고 있는 추세이다.

2) 계약경비의 장단점

계약경비의 장점은 경비의 내용이 계약을 통해 이뤄지기 때문에 전문성을 보유한 경비원을 고용할 수 있으며 채용 및 교육, 경비원의 신원확인과 같은 절차를 경비업체에서 진행하기 때문에 비용절감을 할 수 있다. 계약경비업체는 다수의 인력을 확보하고 있으므로 결원이 발생할 경우 인력의 충원이 용이하고 경비수요의 변화에 따라 유연성 있는 인력의 감축 및 추가적인 고용이 수월하다. 계약경비의 특성은 유연한 대응이 가능하다는 점이며 인사상의 문제를 빠르게 해결할 수 있고 행정적인 문제의 발생가능성이 낮다.

계약경비의 단점으로 들 수 있는 것은 자체경비에 비해 고용주에 대한 충성심이 낮을 수 있고 자체경비에 비해 임금이 낮은 편이며 경비원의 이직률이 높은 편이라는 점이다. 이러한 이유로 잦은 직업이탈의 가능성, 중요 기업정보의 보호 및 개인정보의 외부유출 가능성이 상대적으로 높을 수 있다.

[자체경비와 계약경비의 비교]

	자체경비	계약경비
비용	기본급료 상여금 및 퇴직금, 복리후생비 고용보험 및 산재, 의보, 국민연금, 관리부서운영비 직간접 노무관리비 제복 및 장비비용	기본경비료(연간도급계약금액 –매월 지급) 급료+상여금+퇴직금 산재, 의보, 고용보험, 임금채권보장기금 연차수당, 월차수당, 경조비, 각종 수당, 손해배상책임보험료(공제기금), 제세공과금, 교육훈련비, 개인공용장비, 제복비용
고정경비	급료, 상여금, 퇴직금 등 고용된 직원수준의 경비	경비용역료에 포함하여 계산
신분	특별한 대비책이 없이 자체적인 대비책	관할 경찰서에 정식 공문으로 보고되어 무자격, 전과자, 신원불분명자는 채용에서 제외됨
교육	업무 관련 교육이 부족할 수 있어 업무수행 능력, 융통성, 창의성이 부족할 수 있음	수시로 정기교육, 보수교육을 실시하여 책임감, 성실성, 신속성을 강조한 근무자상 정립(경찰서장 해면명령)
자격	자격기준이 없거나 한정됨	사용하는 업체에서 지정한 연령 및 규정자격자 또는 「경비업법」에 준한 적격자
도난사고 대책	비상대책이 없거나 1차 총무과 담당자가 책임짐	경비회사 직원의 고의, 중대한 과실은 전적으로 책임짐 특수, 희귀시설물은 별도 보관 이행보증보험 가입 보완
임금인상	동종업계 임금 인상 폭에 많은 영향을 받음	소정의 인상요인만으로 해결(정신부담해소) 매년 양사합의하에 재계약 작성(법정 최저임금 인상범위)

인력관리	업무상 문제 발생 시 온정적인 대처가 이루어질 가능성이 높음	“갑”사의 요구에 따라 근무태만자, 불순분자, 비위행위자 즉시 교체, 적성 능력 중심으로 배치
경비 근무방법	매너리즘에 빠질 위험, 근무자세 나태 가능성	경찰관서에 근무, 감독(순찰) 등 준경찰 경비방법에 준한 근무, 주야간 순찰로 근무 강화
출입자 통제	평소 친분을 쌓기 용이, 안면(顔面)인과의 관계로 통제가 불완전	업무지시를 통해 인원 통제 강화 가능, 외부인의 출입 문제에 있어서 신속한 문제해결이 가능
소속감	장기근무로 인해 직업 충성도 및 직업윤리의 유지가 어려움	책임감, 친절에 대한 지속적 교육 훈련이 가능, 미비점을 기본 수시교육으로 보충(경비지도사 순회교육)
복장 · 장비	일정한 규정양식이 없음	행안부령에 규정된 단정한 경비복 장비는 경비업체에서 정해진 것을 지급 ※ 별도 승인을 받은 경우는 근무지복장 착용 가능
근무자 사고	산재보험, 의료보험, 국민연금, 고용보험	산재보험, 의료보험, 국민연금, 고용보험
임금 (용역료)	본인에 직접 지급, 급여이체	매월 세금계산서 발행(매입세액공제), 급여이체
효과	총인원의 증가	용역인원만큼 감소로 총인원 감소(하도급 개념) 소수 관리직의 효과적인 업무처리 가능(위협 제거) 회사 등의 지휘부의 효과적인 지시 신속한 전달

제 2 절 경비 실시 방식에 따른 분류

민간경비는 경비를 어떤 방식에 의해 실행하느냐에 따라 1차원적 경비, 단편적 경비, 반응적 경비 그리고 종합적 경비로 구분할 수 있다.

1. 1차원적 경비

1차원적 경비란 경비원에 의한 경비, 단순 센서를 활용한 경보기계 경비 등과 같이 가장 단순한 형태의 경비로 단일 예방체제에 의존하는 경비 형태를 말한다.

2. 단편적 경비

단편적 경비는 전형적 의미의 경비가 아니라 경비상황 발생 시 손실 예방, 손실 발생 시 보험처리 등과 같이 경비업무를 수행하기 위해 추가되는 경비의 부수적 효과로서의 경비 형태를 의미한다.

3. 반응적 경비

반응적 경비는 경비를 지속적 · 일상적으로 유지하지 않고, 필요적 경비상황이 발생할 경우 반응적으로 단일 사건에 대해서만 대응하는 1회성 경비 형태를 말한다.

4. 종합적 경비

종합적 경비란 인력경비와 기계경비를 종합한 형태의 경비로서 특정된 위해요소의 현존과 상관없이 상시적으로 언제 발생할지 모르는 상황에 대하여 표준화된 인력경비와 기계경비를 종합하여 일상적으로 실시하는 경비 형태를 말한다.

제 3 절 경비 형태에 따른 분류

1. 인력경비

1) 인력경비의 개념

개인이나 기업이 시설, 설비, 기타의 재산을 화재, 파괴, 분실, 그 밖의 범죄 내지 피해 상황에서 경비원을 배치하고 순수한 인력적용으로 경비상황에 대응하는 것을 말한다.

2) 인력경비의 종류

인력경비는 경비의 원초적인 모습으로서 형태에 따라 상주경비,

순찰경비, 요인경호경비, 혼잡경비 등을 그 예로 들 수 있다.

상주경비란 아파트 출입구, 상가 시설 등의 입구에 초소와 같은 시설물을 설치하고 경비원이 상주하면서 출입자를 감시하는 방법으로 외부인의 침입가능성을 미연에 방지하는 경비업무를 수행하는 것을 말한다.

순찰경비는 일정 구간과 정해진 영역을 정기적으로 순찰하여 안전을 점검하고 위해 가능성을 파악하는 동적인 예방적 경비활동을 의미한다. 상주경비와 순찰경비는 통상적으로 함께 혹은 순차적으로 이루어지게 된다.

요인경호경비는 특정한 개인의 안전 확보를 위하여 경비원이 대상자에 밀착하여 신변보호 및 이동의 안전을 확보하는 작용을 의미한다. 주로 유명인이나 위험에 처해 있는 의뢰인의 보호 업무를 수행하며 주변의 상황, 돌발적 상황에 대한 위해 방지 업무를 체계적으로 수행하게 된다.

혼잡경비는 군중들이 밀집한 시설 및 실외에서 다중들의 안전을 확보하고 인재를 예방하기 위한 활동이다. 각종 이벤트 행사, 콘서트와 같은 행사, 각종 집회에 참석한 시민들의 혼잡상황에서 안전을 확보하고 화재나 재해의 발생 시 동선을 확보하여 참석자들이 안전하게 이동할 수 있도록 하는 일체의 경비활동을 의미한다.

3) 인력경비의 장점

인력경비는 실질적 경비, 경비지역 내의 질서유지, 출입자에 대한 안내서비스, 환경의 정비까지 일련의 경비 및 경비지역 정비를 하나로 통합한 통합서비스가 가능하며 경비 인력의 상주로 돌발상황에 대한 신속한 대처가 가능하다는 점을 장점으로 들 수 있다.

4) 인력경비의 단점

인력경비는 상대적으로 인건비 등 비용이 많이 드는 단점이 있으며 경비원의 인력이 경비의 중요 역할을 하므로 경비원의 안전사고가 발생할 가능성이 있다. 그리고 주간과는 달리 야간에 경비활동에 제약이 있을 수 있으므로 경비 효율성이 문제될 수 있으며 비상상황이 발생할 경우 신속한 연결 및 연락체계를 필요로 한다.

2. 기계경비

1) 기계경비의 개념

기계경비란 기계의 도움에 의하거나 기계와 사람이 합동으로 경비하는 형태로서 경비대상시설에 설치한 기기가 감지한 정보를 활용하여 경비 인력이 작동하는 종합적인 경비체계를 이른다.

2) 기계경비의 종류

기계경비를 운용하는 방식은 무인기계경비와 혼합경비로 구별할 수 있다. 전자의 경우 전적으로 기계시스템에 의지하거나 주요 역할을 기계가 담당하는 경비를 이야기하며, 후자는 기계경비와 인력경비를 혼합한 시스템으로 기계적 신호체계를 통해 경비상황을 파악하고 경비원이 이를 인지하여 2차적 경비작용을 하는 혼합적인 경비를 말한다.

3) 기계경비의 장점

기계경비는 24시간 경비가 가능하고 감시지역이 광범위하며 정확성이 높은 장점이 있다. 주간과 야간을 가리지 않고 안정적인 경비가 가능하여 경비의 효율성이 높다. 그리고 화재예방시스템 및 기타 다양한 재해경비시스템과 동시에 운용이 가능하며 초기에 경비시스템을 설치하면 장기적으로 추가적인 인건비가 들지 않기 때문에 비용을 줄일 수 있다.

4) 기계경비의 단점

기계경비는 기계적 반응에 따라 경비가 이루어지기 때문에 신속한 대처가 어려운 경우가 있으며 기계적 오류로 인한 오경보 문제가 발생할 수 있다. 그리고 최초 경비시스템 구축 및 설치 시 많은 비용이 들고 기계의 고장 시 불측의 피해가 생길 수 있다는 점을 단점으로 들 수 있다.

경비 기계를 유지하고 설치하는 데 지속적인 비용이 발생하게 되고 기계에 대응할 수 있는 전문인력의 배치가 필요하다.

기계시스템의 특성상 상황적 대응이 불가능하기 때문에 시스템을 잘 아는 범죄자에게 악용당하여 경비장치가 무력화될 경우 큰 경제적 피해를 발생시킬 수 있다는 점도 문제점으로 파악된다.

5) 기계경비의 기본 3요소

기계경비의 세 가지 요소로 불법침입에 대한 감지, 침입정보의 전달, 침입행위의 대응을 들기도 한다. 특이점이라기보다는 기계경비의 특성으로 인한 시간별 대응단계라고 할 수 있다.

기계경비는 기계경비시스템이 외부의 침입에 의한 상태 변화를 감지하여 경비기기 운용자에게 즉각 전달하고 경보기를 작동하여 침입자에게 경고하게 된다. 그 다음으로 침입정보가 전달되는데 기계경비시스템이 효과적으로 작동되기 위해서는 경비기기 운용자와 의사전달 과정이 적절하게 이루어질 필요가 있다.

[인력경비와 기계경비의 장 · 단점]

	장점	단점
인력경비	• 경비업무 외에 다른 업무(질서유지 업무, 안내업무 등) 수행 가능 • 사건 발생 시 현장에서 신속하게 상황대처가 가능	• 높은 인건비 • 인명피해 우려 • 사건 발생 시 신속한 상황연락이 이루어지지 않을 수 있음 • 야간의 경우 경비활동의 효율성이 저하
기계경비	• 장기적으로 볼 때 경비 소요비용의 절감효과 • 넓은 장소의 효과적 감시 • 첨단장비의 활용(정확한 감시, 신속한 대응) • 24시간 계속적으로 감시 • 인명피해를 예방 • 화재예방시스템과 동시에 운용 가능 • 범죄자들에 대한 경고효과	• 높은 가격 • 범죄자들에게 역이용될 가능성 • 오경보 및 허위경보의 위험성 • 유지보수에 있어 많은 비용과 전문인력이 필요 • 사용자가 작동방법을 숙지하지 못할 경우 문제 야기 • 고장 시 신속한 대응의 어려움 • 기계경비는 방범 관련 업무에 특화

침입행위에 대하여 기계경비시스템은 현장에 투입되는 상황대처요원에게 신속한 신호를 보내어 빠른 대응을 통해 침입상황을 해소하게 된다. 이 과정에서 기계경비시스템은 침입자의 행위를 일정 시간 지연시킬 수 있는 기능을 갖추어야 한다.

제 4 절 민간경비의 조직

1. 경비계획

1) 손실분석

경비계획을 세우기 위해서는 우선 손실의 잠재적인 발생 영역에 대한 상세한 분석 및 공동목적을 달성하는 데 발생할 수 있는 손실의 가능성, 주요 요인에 대한 분석이 선행되어야 한다.

2) 목표의 설정과 달성

경비계획은 어떤 경비의 객체인 특정 기업이나 개인의 이익추구를 위해서 설정되어야 한다. 이익추구에 장해요인이 존재한다면 이를 발견·제거함으로써 이익의 증대라는 목표달성에 기여하도록 하여야 하며 이는 경비업의 목적이기도 하다. 구체적인 경비계획을 예시하면 다음과 같다.

① 경계구역과 건물출입구 수는 안전규칙 범위 내에서 최소한으로 유지되어야 한다.
② 외부 유리창이 바닥으로부터 14피트 이내일 경우에는 벽돌을 이용한 유리창문을 만들고 튼튼한 가로막이나 쇠창살로 보호해야 한다.
③ 건물 외부의 틈으로 접근 가능하거나 탈출 가능한 지점 및 경계구역은 보호되어야 한다. 즉 천장, 공기 환풍기, 하수도관, 맨홀 또는 96평방 인치 이상의 구멍이다.
④ 안전조명이 설치되어야 한다.
⑤ 물건을 선적하거나 받은 지역은 넓게 분리되어야 한다.
⑥ 비상시에만 사용하는 외부출입구나 외딴곳에 있는 출입구는 경보장치가 되어 있어야 한다.
⑦ 외부로 통하는 출입구는 내부・외부로 오가는 통행을 통제할 수 있어야 한다.
⑧ 항구・부두지역은 차량운전자가 바로 물건을 창고지역으로 차량을 움직이지 못하도록 하고, 경비원에게 물건의 선적이나 하차를 보고할 수 있도록 설계되어야 한다.
⑨ 관리실은 가능한 건물 전체에서 통행이 가장 많은 곳에 위치해야 한다.
⑩ 직원의 출입구는 주차장으로부터 떨어진 곳에 위치해야 한다.
⑪ 경비원 대기실은 시설물 출입구와 비상구 근처에 위치해야 한다.

2. 경비통제기준의 설정

경비통제기준은 경비대상시설의 자산, 물건, 재고조사, 현금취급, 경영관리 등의 모든 절차를 포함하여 설정되며 경비부서의 관리자가 내부적인 규율이나 책임의 한계를 제시함으로써 이루어진다. 이 과정에서 관리자가 자신의 견해를 표명하거나 반대의견을 제시할 수 있는 민주적인 의사소통절차가 존재해야 하고 조직의 모든 직원이 수용하고 만족할 수 있는 합리적인 통제절차를 마련해야 한다.

3. 경비부서의 권한

1) 경비책임자

경비책임자는 회사의 여러 영역에서 업무수행상 발생할 수 있는 모든 문제에 대해서 조사를 할 수 있고, 회사 전체에 대한 경비 위해요소 분석과 업무 전반에 관한 평가를 지시할 수 있는 위치에 있어야 한다.

2) 경비부서의 관리자

경비부서의 관리자는 특별한 임무를 수행하는 부서의 책임자로서 최고경영자 혹은 각 부서별 책임자들과 함께 공동으로 경비업무의 책임을 진다.

3) 권한의 정도

경비업무에 있어서 경비책임자와 관리자의 권한은 구별된다.

경비책임자는 자신에게 부여된 경비업무와 관련한 직·간접적인 모든 행위에 대하여 계선(界線)상의 권한을 행사할 수 있다.

관리자는 경비업무와 관계되지 않는 것에 대해 직접적으로 통제하거나 명령할 수 없고, 부여된 권한의 범위 내에서 발생할 수 있는 모든 문제에 대하여 경비원을 지도 및 감독할 책임이 있으며 업무에 대해 명령 및 지시를 할 수 있다.

4. 경비부서의 조직화

경비부서의 조직은 부여된 경비 의무와 책임에 대한 범위와 내용을 정해야 하며 명확한 보고절차를 설정하고 체계적인 명령체계를 갖추어야 한다.

일반적으로 경비부서를 조직화하는 데 있어 가장 중요하게 고려하는 사항은 권한의 위임 한계, 통솔의 범위, 경비인력의 수요 등을 들 수 있다.

1) 권한의 위임

경비 권한의 위임은 소수인원으로 구성된 조직보다는 다수인원으로 구성된 경비조직에서 더욱 필요성이 있다. 업무에 대한 권한 위임과 동시에 적절한 책임이 분담되어야 하며 위임된 책임의 범위는 원래의 수권 범위를 넘어서는 안 된다.

2) 통솔의 범위

통솔의 범위는 한 사람이 효과적으로 운용할 수 있고 직접적으로 감독할 수 있는 범위를 말한다. 통솔 범위를 결정할 경우 고려해야 할 사항은 다음의 표로 정리할 수 있다.

[통솔 범위의 결정요인]

시간적 요인	신설 조직의 경우 역사가 깊은 조직보다 통솔 범위가 좁다.
장소적 요인	여러 장소에 여러 곳으로 나뉜 경우 통솔 범위가 좁다.
직무의 성질	직무의 성질이 복잡한 경우 통솔 범위가 좁다.
리더의 능력	리더의 능력의 탁월한 경우 통솔 범위가 넓다.
구성원의 능력	구성원의 능력이 탁월한 경우 통솔 범위가 넓다.
교통, 통신의 발달	교통 및 통신기술이 발달한 경우 통솔 범위가 넓다.
계층제의 수	계층제의 수가 적으면 적을수록 통솔 범위가 넓다.

3) 경비인력의 수요

경비인력 수요에 있어 가장 중요한 판단기준은 경비시설물 내의 전반적인 요소들을 면밀하게 분석하여 필요한 위치에 적정한 인원을 배치하는 것이다. 경비시설에 결원이 발생했을 경우 충원을 어떻게 할 것인가에 관해서도 미리 예정해 두어야 할 것이다.

5. 경비원의 고용절차

1) 경비요원의 임무

경비원은 관할 구역 내의 건물과 토지를 경비하며 건물 및 토지 내의 내용물, 거주자, 방문자도 경비의 대상이 된다.

경비업무를 행함에 있어서 시설물에 관한 관리규칙를 준수해야 하며 법규를 준수해야 한다. 그리고 주어진 상황에 따라 담당구역의 질서를 유지하고, 도움이나 안내를 요구하는 사람들을 지원하며, 보행자나 차량통행을 통제한다.

업무 내용에 정함이 있는 경우 인원과 차량을 조회하는 시스템을 운용하며, 출입하는 화물과 차량을 확인하고 허가 없이 시설물에 출입하는 사람들을 통제해야 한다.

일상적으로 질서유지를 위한 순찰활동을 수행하고 질서를 방해하는 사건을 보고해야 하며, 모든 특이한 사항에 대해 경비책임자에게 보고해야 한다.

유실물을 습득하거나 무주물에 대해 점유를 하게 된 경우에는 일지에 기록하고 주인을 찾아주어야 한다.

사고 발생 시 경보장치를 작동시키고 방송을 통해 주변사람들에게 알려야 하며 화재가 발생한 경우 매뉴얼에 따라 신속하게 대응해야 한다.

모든 지역의 경비와 안전을 점검하기 위해 주기적으로 지정된 시간대에 규정된 검사를 실행한다.

2) 경비담당구역과 순찰

경비담당구역에 따라 고정 배치근무자는 주로 건물의 출입구, 건물의 로비, 특히 세심하고 위험한 지역에 담당구역이 배정된다.

순찰업무는 도보나 차량 등 이동수단을 사용하여 미리 정해진 순찰노선을 따라 시설물의 안전 상태를 점검한다. 순찰 경비요원은 감독자 책임하에 있는 노선과 구역을 따라 순찰을 실시하며 순찰을 행하는 경비원은 순찰의 필요적·단계적 절차를 미리 숙지하고 있어야 하며 원칙에 따라 순찰경비를 해야 한다.

3) 경비원의 자질

경비원은 건강한 신체적 조건, 즉 적절한 시력과 청력을 가지고 있는 것이 유리하며 위험상황에서는 효과적으로 자신의 신체를 활용할 수 있도록 해야 한다.

차분한 성격을 지니고 있는 것이 경비효율을 배가시킬 수 있으며 적절한 상황 판단을 할 수 있도록 순발력과 풍부한 경험이 있어야 하며 교육을 통해 이러한 자질을 검증받아야 할 필요가 있다.

경비업무의 특성에 따라 경비원은 기밀에 속하는 자료를 다룰 수 있으므로 철저한 보안의식을 가지고 있어야 하고 비밀 자료를 취급해야 할 경우 절차에 따라 지문을 대조해야 할 필요가 있다. 그리고 이런 특별한 절차는 합법적이어야 하고 감독기관을 통하여 조회 및 확인과정을 거쳐야 한다.

감독자는 경비원의 자질과 인성을 철저히 파악해야 하고 이직을 통해 투입된 신입 경비원의 경우에는 더욱 중요하다.

4) 경비원의 교육훈련

지속적인 교육과 교육 성과에 관한 평가를 통해 경비원의 자질을 향상시킬 수 있고 임무수행에서 업무적 성취를 이룰 수 있다. 교육은 승진의 기회를 제공할 뿐만 아니라 조직의 목표를 이해하고 전체 속에서 자신의 위치를 객관적으로 파악할 수 있는 좋은 기회를 제공하며 이는 전체 경비업 평가에 관하여 긍정적인 요소로 작용하게 된다.

6. 경비부서와 다른 부서와의 관계

경비부서와 다른 부서 간에 기능적 역할 분담이 필요하다. 경비업무는 통상적인 업무의 중요한 부분이므로 부서 사이의 긴밀한 협력관계의 구축이 필요하며 경비 수요의 명확한 파악을 위해 조화와 협조가 이루어져야 조직 전체의 위험부담을 줄일 수 있다. 즉, 경비 역할에 대한 관리와 그 목표는 조직의 목표와 일치해야 한다.

7. 경비관리책임자의 역할

1) 경영상의 역할

경비관리책임자 역시 조직 내에 있는 모든 다른 부서의 경영책임자들과 동일하게 사업의 기획, 조직의 운영, 경비원의 채용, 지도, 감독, 목표의 혁신과 같은 일반적 경영목표 달성을 위해 노력해야 한다.

2) 관리상의 역할

경비관리책임자는 조직 인사상의 역할, 조직 행정상의 역할, 조직 교육상의 역할, 조직 훈련상의 역할, 경비지원 부서와의 역할 등에 대해 최선의 노력을 하여야 하며 관리자로서 구성원 및 외부와의 긴밀한 협조와 의사소통의 향상을 위해 노력해야 한다.

3) 예방적 역할

경비관리책임자는 경비업무에 대한 최고 책임자로서 경비원에 대한 감독, 화재와 같은 재난상황에서 경비원의 안전을 지켜야 한다. 경비활동은 계속성, 안정성을 필수적 요소로 하기 때문에 규칙적인 감사가 필요하며, 출입금지 구역에 대한 감시, 경비원들에 대한 이해와 능력 개발, 경보시스템의 유지 및 관리, 조명의 작동 점검과 같은 모든 경비 장비들의 상태를 최선의 상태로 유지해야 한다.

4) 조사활동

경비 범위와 내용의 명확성, 감시체계의 확립, 회계 및 지출의 투명성 관리, 회사규칙의 준수 여부 그리고 손실 및 감가상각에 관한 조사가 일상적으로 이루어져야 한다. 또한, 경찰과 소방서와의 연락망 구축 및 협력이 필요할 경우 최선의 효율을 구할 수 있는 매뉴얼의 정립 및 유지가 필요하다.

제 5 절 경비원에 대한 교육절차

1. 일반경비원에 대한 교육

1) 「경비업법」상의 교육

경비업자는 경비업무를 적정하게 실시하기 위하여 경비원으로 하여금 대통령령이 정하는 바에 따라 경비원 신임교육 및 직무교육을 받게 하여야 한다.[1] 경비원이 되려는 사람은 대통령령으로 정하는 교육기관에서 미리 일반경비원 신임교육을 받을 수 있다.[2]

특수경비업자는 대통령령이 정하는 바에 따라 정기적으로 특수경비원 교육을 받게 하고 특수경비원 교육을 받지 아니한 자를 특수경비업무에 종사하게 하여서는 아니 된다.[3]

제2항에 의한 특수경비원의 교육 시 관할 경찰서 소속 경찰공무원이 교육기관에 입회하여 대통령령이 정하는 바에 따라 지도・감독하여야 한다.[4]

경찰청장은 경비원에 대한 신임교육의 효율성을 제고하기 위하여 전문인력 및 시설 등을 갖춘 기관 또는 단체를 경비원 교육기관으로 지정할 수 있고 신임교육의 전국적 균형을 유지하기 위하

---

1) 경비업법 제13조 제1항.
2) 경비업법 제13조 제2항.
3) 경비업법 제13조 제3항.
4) 경비업법 제13조 제4항.

여 교육 수준 및 교육방법 등에 필요한 지침을 마련하여 시행할 수 있으며 그 밖에 경비원 교육기관의 지정 기준 및 절차 등에 필요한 사항은 대통령령으로 정한다.5)

2) 일반경비원에 대한 신임교육의 실시

「경비업법」 시행규칙 [별표 2]에 따르면 일반경비원 신임교육의 과목 및 시간은 다음과 같다.

[일반경비원 신임교육의 과목 및 시간(제12조 제1항 관련)]

구분 (교육시간)	과목	시간
이론교육 (4시간)	「경비업법」 등 관계 법령	2
	범죄예방론	2
실무교육 (19시간)	시설경비 실무	4
	호송경비 실무	2
	신변보호 실무	2
	기계경비 실무	2
	사고 예방 대책	3
	체포 · 호신술	2
	장비 사용법	2
	직업윤리 및 서비스	2
기타(1시간)	입교식, 평가 및 수료식	1
계		24

5) 경비업법 제13조의2.

경찰청장은 일반경비원에 대한 신임교육의 실시를 위하여 연도별 교육계획을 수립하고, 영 제18조 제3항의 규정에 의한 일반경비원 신임교육기관 또는 단체가 교육계획에 따라 교육을 실시하도록 하여야 한다.[6]

경비업자는 경비원을 새로이 채용한 때에는 근무배치 후 2개월이 경과하기 전까지 신임교육을 받게 하여야 한다. 다만, 법 제18조 제2항 제1호 및 제2호의 규정에 의하여 배치하는 일반경비원의 경우에는 근무배치 전까지 신임교육을 받게 하여야 한다.

「경비업법」 시행규칙에 의하면 일반경비원에 대한 교육 실시의 기관 또는 단체의 장은 신임교육의 과정을 마친 사람에 대하여는 일반경비원 신임교육 이수증교부대장에 그 사실을 기재한 후 일반경비원 신임교육이수증을 교부하여야 한다.[7]

경비업자는 일반경비원이 신임교육을 받은 때에는 규정에 의한 경비원의 명부에 그 사실을 기재하여야 한다.[8]

2. 특수경비원에 대한 교육

특수경비업자는 법 제13조 제3항[9]에 따라 해당 특수경비원에게

6) 시행규칙 제13조에 의하면 일반경비원에 대한 직무교육의 시간은 2시간이며 일반경비원에 대한 직무교육의 과목은 일반경비원의 직무수행에 필요한 이론·실무과목 및 직업윤리 등으로 한다.
7) 경비업법 시행규칙 제12조 4항.
8) 경비업법 시행규칙 제12조 5항.
9) 경비업법 제13조(경비원의 교육 등) ③ 특수경비업자는 대통령령으로 정하는 바에 따라 특수경비원으로 하여금 특수경비원 신임교육과 정기적인

특수경비업자의 부담으로 경찰교육기관, 경찰청장이 고시하는 기관 또는 단체에서 실시하는 특수경비원 신임교육을 받도록 하여야 한다.[10] 특수경비업자는 소속 특수경비원에 대하여 매월 3시간 이상의 직무교육을 받도록 하여야 한다(이세환, 2012: 165-194).

특수경비원 직무교육의 과목은 특수경비원의 직무수행에 필요한 이론·실무과목 및 직업윤리 등으로 한다.[11]

1) 특수경비원에 대한 신임교육[12]의 실시

특수경비원 신임교육의 과정을 개설하고자 하는 기관 또는 단체는 법규가 정한 시설 등을 갖추고 경찰청장에게 지정을 요청하여야 한다.

경찰청장은 특수경비원의 신임교육과정을 개설하고자 하는 기관 또는 단체가 지정을 요청한 때에는 법규에 의한 기준에 적합한지의 여부를 확인한 후 그 기준에 적합한 경우 이를 특수경비원 신임교육을 실시할 수 있는 기관 또는 단체로 지정할 수 있다.

제2항의 규정에 의하여 지정을 받은 기관 또는 단체는 신임교육의 과정에서 필요한 경우에는 관할 경찰관서장에게 경찰관서 시설물의 이용이나 전문적인 소양을 갖춘 경찰관의 파견을 요청할 수 있다.

직무교육을 받게 하여야 하고, 특수경비원 신임교육을 받지 아니한 자를 특수경비업무에 종사하게 하여서는 아니 된다.

10) 경비업법 시행령 제19조.

11) 경비업법 시행규칙 제16조.

12) 경비업법 시행규칙 제14조.

특수경비원 신임교육의 과목과 시간은 다음과 같다.

[특수경비원 신임교육의 과목 및 시간(제15조 제1항 관련)]

구분 (교육시간)	과목	시간
이론교육 (15시간)	「경비업법」 및 「경찰관 직무집행법」 등 관계 법령	8
	헌법 및 형사법	4
	범죄예방론	3
실무교육 (61시간)	테러 및 재난 대응요령	4
	폭발물 처리요령	6
	화재대처법	3
	응급처치법	3
	장비 사용법	3
	출입통제 요령	3
	직업윤리 및 서비스	4
	기계경비 실무	3
	정보보호 및 보안업무	6
	시설경비 요령	4
	민방공	4
	총기조작	3
	사격	8
	체포・호신술	4
	관찰・기록기법	3
기타(4시간)	입교식, 평가 및 수료식	4
계		80

제 6 절 경비 위험요소 분석과 조사업무

1. 경비 위험요소 분석

1) 경비의 위험요소 인지 및 평가

(1) 위험요소의 인지

경비의 위험요소 인지는 모든 경비지역 내에서의 손실의 취약성을 확인하는 것을 의미한다. 물적 손실이 예상되는 곳, 절도의 대상이 되기에 용이한 장소 및 시설, 절도수법에 취약한 시설, 재해나 화재가 발생하였을 때 손실의 가능성을 조사를 통해 파악해야 한다.

(2) 손실 발생 가능성 고려

위험요소의 인지 단계에서 취약요소가 확인되면 각각의 요소마다 적정한 보호수단을 고안하여 적용해야 한다.

(3) 손실에 대한 평가

이미 특정한 손실이 발생한 경우 피해의 원인을 파악하고 이를 방지하기 위한 수단을 모색하여야 한다. 예컨대 당해 경비 영역에서 절도로 인한 손실이 발생하였다면 피해 규모를 추산하고, 범행의 수법을 평가하여 재발가능성을 줄일 수 있는 대안을 모색할 필요성이 있다.

2) 경비의 비용효과 분석

경비의 비용효과 분석이란 경비에 투여되는 비용에 대한 효과를 통계적 방법을 이용하여 분석하고 효율성을 평가하는 것이다. 과거 동일한 기간 동안의 경비활동에서 경비 조직에 의한 손실을 지역적, 전국적으로 집계된 형사사건이나 유사한 사건, 인접회사의 손익 등과 비교·분석한 후에 회사 전체의 경비에 대한 비용효과를 평가하는 것을 말한다.

비용효과분석의 수치에 근거한 측정은 경비기능의 효용성에 대한 실질적인 지침을 제공하므로 경비 시스템의 방범능력을 평가할 수 있는 기준이며 주기적, 지속적인 비용효과분석이 필요하다.

2. 경비 관련 조사업무

1) 경비 관련 조사업무 일반

(1) 경비 관련 조사업무의 개념

경비 관련 조사업무는 경비 시설물에 대한 위험요소를 분석하는 절차로서 예견되는 위험을 미연에 방지하기 위한 분석과정이며, 경비관리책임자에게 있어 가장 중요한 경비업무의 수행 형태이다.

(2) 조사업무의 목적

경비 관련 조사는 경비업무의 효율적인 수행을 위해 적절하게 예산이 분배·집행되었는가를 조사하고 시설물 내에 있는 모든 구성원들의 협조 체제를 갖추어 합리적인 경비지출이 이루어졌는가를 확인하는 것이 목적이다. 이는 최고 경영자 수준에서 이루어진다.

(3) 조사업무의 방법

시설물에 대한 물리적 검사 및 모든 집행체계와 절차에 대한 조사로, 경비시설의 현재 상태를 점검하고 경비방어의 취약점을 찾아내어 종합적인 경비프로그램을 수립하기 위한 객관적인 분석작업이다.

(4) 조사업무담당자

담당자는 해당 분야에서 충분한 훈련을 필요로 하고 고도의 상황판단 능력을 요구하므로 경비부서의 참모들이나 이 조사를 위해 고용된 자격 있는 경비전문가들에 의해 행하여진다. 이들은 해당 시설물의 경비특성과 함께 조사진행과정을 명확하게 인지하고 있어야 효과적인 결과물을 도출할 수 있다.

(5) 조사계획

조사계획은 조사의 각 진행 단계마다 충분한 사전계획이 미리 수립되어 있어야 한다. 이 계획은 조사 대상 영역에 중요한 지침으로 활용된다.

2) 일반시설물 조사

(1) 일반지역 경비문제

일반적으로 재해 위험을 방지하기 위한 대상으로 울타리, 출입구, 배수로, 하수도 등을 들 수 있다. 야간의 조명은 위험원이 될 수 있으므로 철저한 점검의 대상이 된다.

(2) 인접 건물들의 창문과 출입구 등의 경비문제

건물들이 밀집해 있는 경우 인접 건물 가까이 사람들이 접근할 수 있는 공간이 있는지 파악해야 한다. 창문은 침입의 대상이 될 수 있으므로 점검의 대상이 되며 빌딩의 경우 입주자의 현관 출입 열쇠에 대하여 적절한 경비가 이루어지고 있는지 파악해야 한다.

(3) 창고의 경비문제

고가의 물건이 저장된 창고나 저장고의 경보장치 작동 여부가 확인되어야 하며 주거침입이나 사생활 침해 가능성을 경비적 시각에서 파악해야 한다.

(4) 건물 내의 공동점유 시설의 경비문제

입주자가 비번일 때의 서명일지, 승강기의 안정적 작동 확인과 수동 전환기능의 확인, 화장실의 개방유무, 복도와 로비의 조명 이상유무의 확인, 마스터키시스템, 복도와 계단의 안전성 확인, 비상구 등의 확인이 필요하다.

(5) 주차장 및 건물의 입출입에 관한 경비문제

주차장은 특히 외부인의 출입이 쉽기 때문에 자동차 절도나 손괴행위로부터의 안정적 경비가 이루어지는지 확인이 필요하다. 차량조사 필요시 출입구나 회전식 문의 존재유무, 차량조사를 위한 조사관계, 울타리를 통한 주차장 안팎으로의 물건 반출입 가능유무 등을 조사한다.

건물 출입에 있어서 출입자의 확인 방법, 방문객, 차량 등의 경비시스템에 대한 확인이 필요하다.

(6) 화재 등에 대한 경비문제

방화시설의 설치유무, 소화기의 형태와 수 및 점검유무, 소방서와의 거리, 자동소화장치와 자동화재 경보기의 설치유무, 직장소방대의 조직유무, 금연구역 및 흡연구역 표지의 지정, 가연성 물질의 보관 형태, 화재예방 프로그램의 존재유무, 소방훈련이 규정에 의하여 실시되고 있는가 등의 확인 및 점검이 필요하다.

3) 인사와 자료업무에 관한 조사

(1) 인사 관련 업무 확인

각 부서 영역의 근무시간 후의 안정성, 출입문과 서류 및 열쇠의 보관 상태를 점검해야 하며 경비원 및 기타 고용인들의 채용과 해임 시 경영관리부서의 처리과정과 고용절차를 확인할 필요가 있다. 또한 직원들 사이의 관계 파악 및 인사업무와 경비업무의 밀접성 정도에 대한 판단이 요구된다.

(2) 자료관리 업무 검토

개인정보 혹은 기밀정보를 다루는 경우 자료 출력 또는 외부 정보 유출을 통제할 수 있는 방법적 고려가 필요하며 저장자료의 관리자에 지정 및 관리, 컴퓨터를 이용한 경보시스템이나 CCTV의 작동 및 사용 기록의 보관에 중점적 관리가 필요하다.

4) 회계 관련 업무조사

(1) 현금의 보관 및 운송

통로, 계단, 엘리베이터 등에서 현금보관장소 접근의 용이성을 인지해야 하며 출납원의 위치와 근무시간을 파악하고 절도 및 강도 범죄의 가능성을 낮출 수 있는 방법을 모색할 필요가 있다.

(2) 경영관리

새로 채용된 직원의 관리시스템 형태를 이해하고 인사과와 경영관리 기록의 일치성 및 이들 부서 간의 상호감시 정도에 대한 파악이 필요하다. 회계업무에서 횡령 등 재산범죄에 대한 공모가능성과 예방대책 마련 여부 등이 중요시된다.

5) 구매와 반 · 출입물 관리 업무조사

(1) 구매 관련 업무조사

물품구매 시 실제 가격보다 비싸게 지불되는 것을 예방하는 확인절차가 필요하며 경쟁입찰의 확인 및 최저 입찰가격과의 계약가능성이 구매 관련 업무조사의 영역이다.

또한 재고물품, 폐지 · 재생 가능한 여타 물품의 관리 책임에 대한 확인 그리고 재고물품, 기타 재생가능한 물품 판매자의 결정 기록을 보관할 필요성이 있다.

(2) 반 · 출입물 관리 업무조사

화물과 물품이 있는 지역을 통행하는 직원들에 대한 조사, 손실에 대한 분석과 부주의하게 방치된 물품의 확인 등이 관리 업무조사의 영역이다.

6) 조사업무 보고서와 경비업무철 작성

(1) 조사업무 보고서 작성

조사가 모든 영역에서 마무리되고 자료정리가 끝나면 보고서에는 경비의 취약한 부분과 합리적인 경비를 실시할 수 있는 대안이 제시되어야 한다.

(2) 경비업무철 작성

조사업무 보고서는 새로운 경비계획을 수립하는 데 매우 유용한 지표가 되므로 최신의 자료를 취합하여 경비업무의 효율성 증대를 추구할 수 있다.

제 4 장

경비와 시설보호의 기본원칙

제 1 절 경비계획의 수립

1. 경비계획 수립의 기본원칙

경비계획을 수립하기 위해서는 다음과 같은 점을 염두에 둘 필요가 있다.

① 직원의 출입구는 주차장으로부터 가급적 멀리 떨어진 곳에 위치해야 한다.

② 경비원의 대기실은 시설물의 출입구와 비상구에서 인접한 곳에 위치해야 한다.

③ 경비관리실은 출입자 등의 통행이 많은 곳에 설치해야 한다.

④ 경계구역과 건물 출입구 수는 안전규칙의 범위 내에서 최소한으로 유지되어야 한다.

⑤ 경비원 1인이 경계해야 할 구역의 범위는 안전규칙상 적당해야 한다.

⑥ 건물 외부의 틈으로 접근 및 탈출 가능한 지점 및 경계구역(천장, 공기환풍기, 하수도관, 맨홀 등)은 보호되어야 한다.

⑦ 잠금장치는 정교해야 하며 외부출입구에는 경보장치를 설치하여야 하고, 외부출입구의 통행은 통제가 가능하여야 한다.

⑧ 비상시에만 사용하는 외부출입구에는 경보장치를 설치하여야 하고, 외부출입구의 통행은 통제가 가능하여야 한다.

⑨ 항구·부두지역은 차량운전자가 바로 물건을 창고지역으로 움직이지 못하도록 하고, 경비원에게 물건의 선적이나 하차를 보고할 수 있도록 설계되어야 한다.

⑩ 효과적인 경비를 위해서는 안전조명이 설치되어야 하고 물건을 선적하거나 수령하는 지역은 분리되어야 한다.

2. 경비계획 수립 절차

1) 경비계획 수립의 일반적 절차

일반적인 경비계획 수립 절차는 다음과 같다. 우선 경비문제가 발생하면 이를 인지하고, 이에 대한 경비목표 설정을 설정하고, 경비에 필요한 요소를 분석하고 위해가 되는 지점을 파악하여, 경비

대안을 비교·검토한 후 최종안을 선택하는 절차를 진행한다. 선택된 경비행위가 실시되면 이에 대한 평가를 통해 새로운 경비문제를 해소하는 시스템이다.

2) 경비계획의 과정

경비계획은 우선 경비대상을 조사하여 적합한 계획을 수립하고, 필요한 경비조직을 형성하여 경비를 실행하게 된다.

3. 경비부서 관리자의 역할

1) 예방상의 역할

경비원에 대한 감독, 순찰, 화재와 경비원의 안전, 교통통제, 출입금지구역에 대한 감시와 같은 사전예방적 조치를 의미한다.

2) 관리상의 역할

예산 수립과 재정상의 지출과정을 감독하며, 경비문제를 관할하는 정책을 실현하고, 경비 조직체계와 절차를 개발하며, 경비부서 직원에 대한 교육·훈련과정을 개발·실행하는 역할을 의미한다.

경우에 따라 다른 부서와의 의사소통을 통해 협력을 도모하는 역할을 요청받는다.

3) 경영상의 역할

경비 기획, 업무의 조직화, 갈등의 조정, 새로운 경비원의 채용, 감독과 같은 일반적 경영상의 역할을 뜻한다.

4) 조사상의 역할

명확하게 경비의 대상을 설정하고, 경비의 전 과정을 통솔하며 회계, 회사규칙의 위반과 모든 손실에 대해 파악하며, 일반 경찰관서와 소방서와의 연락망을 확보하고, 경비 관련 문서의 확인과 같은 역할을 담당하는 것을 의미한다.

제 2 절 외곽경비

1. 외곽시설물 경비

1) 울타리

(1) 철조망

일반적으로 사용되는 울타리는 가시철조망으로 높이가 7피트 이상이며 지면에서 2인치 정도 떨어져서 설치한다.

(2) 가시철사

일반적으로 12구경이나 4가닥 철사를 반복해서 감은 것으로 4인치마다 가시가 하나씩 달려 있다. 기둥은 철물로 되어 있어야 하고 기둥 사이가 6피트 이상 떨어지면 안 된다(높이 7피트 이상).

(3) 콘서티나 철사

가시철선을 6각형 모양으로 만든 철사로 강철철사의 코일형이며, 이는 빠른 설치의 필요성 때문에 군부대에서 많이 사용하고 있다.

2) 장벽 · 담

(1) 자연적인 장벽

자연적인 장벽이 되는 강, 절벽, 협곡, 무성한 수풀지역 등에는 추가적인 경비장치의 설치가 필요하다.

(2) 구조물에 의한 장벽

울타리, 벽, 문, 도로상의 방책 등에 각각 필요한 경비수단을 마련할 필요가 있다.

(3) 담

담은 시설물의 경계나 여러 업무활동을 은폐하기 위하여 설치된다.

2. 빌딩경비

1) 창문과 출입구

(1) 96평방 인치 이상의 창문과 출입구

철망, 금속창살 그리고 창문과 출입구가 바닥으로부터 18피트 이내일 때 안전을 확보할 수 있다.

(2) 경계구역의 벽에 나 있는 문

튼튼한 구조물과 확실한 잠금장치가 있어야 하고, 비상구 등이 마련되어야 한다.

(3) 긴급 목적을 위한 출입구

외부의 침입으로부터 열리지 않도록 설치되어 있으며 원격 통제에 의해 운영되는 전자식 장치로 제어된다.

2) 지붕과 외벽

(1) 지붕

지붕은 빈번한 침입가능성이 있으므로 경보시스템을 설치한다.

(2) 외벽

허술한 인근 건물의 벽을 통해 침입이 이루어지므로 통상의 경우에는 경계경보시스템을 설치하여 경비의 목적을 달성하도록 한다.

3. 출입문 경비

1) 직원과 차량 출입구

(1) 직원 출입구

출구나 입구를 하나로 지정할 경우 입·출입에 대한 엄격한 통제가 용이하다.

(2) 차량 출입구

차량 출입구는 이용하는 차량의 종류에 맞게 설치되어야 하며, 차량통제가 필요할 경우에는 해당 환경에 맞추어 일방으로만 통행을 제한할 수 있다.

(3) 출입문 폐쇄

일정 기간이 비상시에만 사용하는 문은 평상시에는 폐쇄하고 잠겨 있어야 하며, 잠금장치는 보안의 목적을 달성할 수 있도록 제작되어야 한다.

2) 기타 출입문

모든 출입구의 수를 파악하고 하수구, 배수로, 배수관, 사용하는 터널, 배기관, 공기흡입관, 맨홀 뚜껑, 낙하장치, 엘리베이터 등도 출입구와 같은 차원에서 경비계획에 포함시켜야 한다.

4. 울타리 경비

1) 가시지대

① 경계구역 내에 가능한 한 가시지대를 넓히기 위해서 모든 장애물을 벽으로부터 제거해야 한다.

② 가시지대가 너무 작아서 경비의 효과성에 별로 도움이 되지 않을 경우에는 위험지역의 장벽을 높이거나 경비원에게 침입경보를 적절하게 알려주는 탐지센서 등을 설치하여야 한다.

2) 확인점검

① 자물쇠로 잠금장치가 된 문은 상태에 변화가 없는지 항상 주의 깊게 점검해야 한다.

② 외부경비를 방해하는 장애물(은폐물) 및 침입을 위한 잠재적 이용물은 사전에 제거해야 하며, 취약한 점이 발견되면 즉시 보완하여야 한다.

5. 경계구역 내부 경비

① 경계구역이 고용인과 방문객을 위한 주차지역과 가까이 있는 경우에는, 주차지역과 경계구역을 격리시키는 담장을 설치해야 한다.

② 적재품이 있는 회사차량은 경계구역 내에 주차해야 하고, 실내주차장의 조명은 밝아야 하며, 정기적인 순찰을 실시해야

한다.

③ 화물을 적재한 트럭과 트레일러는 봉인되거나 자물쇠로 잠금 장치가 되어 있어야 하며, 빌딩 벽에 최대한 가까이 주차하거나 차 뒷부분끼리 붙여 놓아 차가 움직이기 전에는 문을 열 수 없도록 해야 한다.

6. 조명

1) 조명의 형태

(1) 백열등

과거 가정집에서 널리 사용되던 조명으로 현재는 쓰임이 적다.

(2) 가스방전등

① 수은등

푸른 빛을 띠는 강한 빛을 방출하며, 수명이 길기 때문에 과거 백열등의 대체품으로 이용되었다.

② 나트륨등

연한 노란 빛을 발하며, 안개가 자주 끼는 지역에 주로 사용된다. 과거 도로에서 많이 사용되었다.

(3) 석영수은등

석영등(石英燈)은 석영관을 이용한 수은등으로 자외선 광을 전달하는 실리카 전구를 사용한다. 백열등처럼 밝은 빛을 발산하므로 매우 밝은 조명을 요하는 곳, 경계구역이나 사고 발생 다발지역에 사용하기에 유용하다.

(4) 엘이디등

LED 조명은 발광 다이오드(LED)를 이용한 조명기구이다. 저전력 및 장수명 등의 특징을 가진다. 정격 범위 내에서 사용하는 한 발광 소자 자체는 비교적 긴 수명이며, 전기 효율이 백열등보다 몇 배 이상 높으며 형광등보다 훨씬 효율적이라 대부분의 조명을 대체하고 있다.

2) 조명장비의 형태

(1) 가로등

① 대칭적으로 설치된 가로등

빛을 골고루 발산하며, 특별히 높은 지점의 조명을 필요로 하지 않는 넓은 지역에서 사용한다.

② 비대칭적으로 설치된 가로등

조명이 필요한 지역에서 다소 떨어진 장소에 사용한다.

* 가로등의 밝기는 와트(W)나 루멘(ml)으로 측정되고, 보호조명은 보통 4,000루멘에서 10,000루멘까지 사용된다.

(2) 투광조명

특정 지역에 빛을 집중시키거나 직접적으로 비추는 광선의 형태로 상당히 밝은 빛을 만들 수 있다. 대부분의 보호조명은 보통 300와트에서 1,000와트까지 사용한다.

(3) 프레넬조명

경계구역에의 접근을 방지하기 위해 길고 수평하게 빛을 확장하는 데 사용한다.

(4) 탐조등

탐조등은 잠재적으로 사고가 일어날 만한 지역을 정확하게 관찰하기 위해 사용한다.

3) 경계조명의 설비

① 조명시설물은 경계구역에서 이용되며, 진입등은 경계지역 내에 위치하여야 한다.

② 투광조명이나 프레넬조명은 다소의 빛이 요구되는 외딴 곳이나 조금 떨어진 경계 울타리를 비추는 데 사용된다.

③ 조명은 직접적으로 사고 발생 지역을 비추어야 하며, 보호하고자 하는 지역에서 떨어져 있어야 한다. 조명시설은 경비원의 눈을 부시게 하는 위치를 피해야 하며, 그림자가 생기지 않도록 주의해야 한다.

④ 경계지역 내의 건물이 경계선에서 가깝거나 건물 자체가 경계선의 일부분일 경우 조명이 직접적으로 건물에 비추게 되는데 이러한 건물의 출입구는 다른 조명에 의해 생기는 그림자를 제거하기 위해 별도로 조명시설을 설치해야 한다.

⑤ 시설물의 경계선이 강이나 바다에 있는 경우에 조명은 수면 위나 수면 근처, 혹은 해안선을 따라 생기는 그림자 영역을 제거하기 위해 설계되어야 한다.

제 3 절 내부경비

1. 방호창문

1) 안전유리

외부에서 쉽게 눈에 띄거나 접근하기 쉬운 창문에 사용하는 고강도 방호유리이며, 전문용어로는 UL-Listed 유리라고 한다.

2) 안전유리의 장점

안전유리는 깨질 경우 사람의 신체에 손상을 입히지 않고 불연성 물질이기 때문에 화재 시에도 타지 않으며, 가볍기 때문에 설치하기가 쉬우나 가격이 비싸다.

3) 안전유리의 목적

미관을 해치지 않으면서 외부 범죄자의 침입을 막고자 하는 데 설치목적이 있다.

2. 차폐시설

외부의 침입을 막기 위하여 창문에 창살을 설치하여야 하며, 지면으로부터 18피트 이내에 있는 창문이나 인접한 건조물 그리고 연못, 나무 등으로부터 14피트 이내로 붙어 있는 창문에는 반드시 일정한 안전장치(창살)가 설치되어야 한다.

3. 출입문

① 시설 내의 모든 종업원들은 허용된 문을 통해서만 출입을 할 수 있도록 해야 한다.

② 문을 설치한 후에는 반드시 그 문이 제대로 기능하고 있는가를 파악할 수 있는 확인이 이루어져야 한다.

③ 대부분의 안전장치는 출입대상자가 근거리에서 자신의 출입 권한을 확인받도록 되어 있으므로, 안전장치의 효율성을 높이기 위해서는 출입대상자의 안전장치에 대한 접근이 용이한지 검토되어야 한다.

4. 자물쇠와 열쇠

1) 자물쇠의 기능

자물쇠는 보호장치로서의 기능도 있지만 실제로는 범죄자의 침입을 지연시키는 시간지연장치로서의 역할이 강하다.

2) 자물쇠의 종류

(1) 돌기 자물쇠(Warded Locks)

열쇠 구조가 단순하기 때문에 간단한 도구를 사용하여 쉽게 열 수 있다. 안전을 확보하기 위한 시설에 사용하지 않는다.

(2) 판날름쇠 자물쇠(Disc Tumbler Locks)

일반적으로 일상생활에서 가장 많이 사용되는 자물쇠이며, 이 자물쇠를 열기 위해서는 통상 3분 정도의 시간이 소요된다.

(3) 핀날름쇠 자물쇠(Pin Tumbler Locks)

판날름쇠 자물쇠에 비해 복잡하며 보다 안전성을 제공할 수 있다. 이 자물쇠를 열기 위해서는 약 10분 정도의 시간이 소요된다.

(4) 숫자맞춤식 자물쇠(Combination Locks)

자물쇠에 달린 숫자조합을 맞춤으로써 열리는 자물쇠로 숫자가 몇 개로 이루어졌느냐에 따라 열기 위한 시간이 결정되나 보안이 필요한 영역에서의 안전도는 그리 높지 않다.

(5) 암호사용 자물쇠(Code Operated Locks)

패널에 암호를 누름으로써 문이 열리는 전자제어 방식으로서 암호를 잘못 누르거나 모르는 경우에는 비상 경고가 켜지게 된다.

(6) 카드작용 자물쇠(Card Operated Locks)

카드에 일정한 암호가 들어 있어서 카드를 꽂게 되면 곧바로 이 카드 내의 암호를 인식하여 자물쇠를 여는 방식으로 신분증의 기능과 함께 사용할 수 있다.

(7) 전자 자물쇠(Electromagnetic Locks)

전자 자물쇠는 자력에 의해 문을 잠그는 잠금장치로 1,000파운드의 압력에도 견디어 내는 고강도문에 많이 사용되며 내부인들의 출입이 잦지 않은 제한구역에 주로 사용된다.

5. 패드록

1) 의의

패드록(Pad-Locks)은 자물쇠와 유사한 기능을 가지지만 문의 몸체 중간에 설치되어 키를 삽입하면 문이 열리는 장치를 말한다. 이 장치는 최근 대부분의 아파트나 가정집의 문에 설치되어 있다.

2) 잠금장치

(1) 기억식 잠금장치(Recording Locking Devices)

문에 전자장치가 설치되어 있어서 일정 시간에만 문이 열리는 방식이다.

(2) 전기식 잠금장치(Electric Locking Devices)

문의 열리고 닫히는 것이 전기신호에 의해 이루어지는 장치를 말한다(가정집 내부에서 스위치를 누름으로써 외부의 문이 열리도록 하는 방식).

(3) 일체식 잠금장치(Sequence Locking Devices)

한 개의 문이 잠길 경우 전체의 문이 동시에 잠기는 방식을 말한다. 일체형 잠금장치는 보통 교정기관에서 주로 사용한다.

6. 금고 및 보관함

1) 금고

(1) 방화용 금고

방화용 금고는 열기에 노출되었을 때 허용하는 내부 온도차에 따라 그 등급이 매겨진다.

(2) 컴퓨터 보관용 금고

컴퓨터 보관용 금고는 내부 온도가 섭씨 150℃ 이상으로 올라가지 않는 것이어야 한다.

2) 지하 중요물품

보관실 금고를 방실과 같이 크게 만든 형태로 문은 강화금속으로 제작하고 다른 외벽은 강화 콘크리트 소재를 사용하며, 문의 두께는 대개 6인치(약 15cm)에서부터 가장 두꺼운 것은 24인치(약 60cm)까지 있다. 문 이외의 외벽은 대체로 12인치(30cm) 정도의 두께로 설치한다.

3) 보관물품의 관리

① 금고 이외에 별도의 안전조치인 경보기로 감응센서를 부착시켜 외벽에 접근이 감지되거나 금고를 두드리는 진동이 느껴지면 경고신호를 보내는 시스템이 주로 사용된다.

② 가장 좋은 방법은 경비원이 직접 정기적으로 금고를 확인·점검하는 것이며, CCTV(폐쇄회로 티비)에 의해 감시가 가능하기 때문에 적은 경비인력으로 넓은 지역을 감시할 수 있는 장점이 있다.

7. 통행절차

1) 직원의 통행절차

① 정식 직원 개개인에게는 정규신분증이 발급되어야 하고, 출입할 때마다 신분증 확인이 이루어져야 한다.

② 신분증은 위조가 불가능해야 하고, 최근의 사진이 부착되어야 하며, 해당 직원이 출입 가능한 지역에 따라 디자인을 달리하는 것이 효과적일 수 있다. 최근에는 전자적 장치에 의한 출입통제장치를 설치하는 것이 일반적이다.

2) 방문객의 통행절차

① 어떠한 경우이든 방문객은 반드시 그 신원을 확인해야 하며, 책임을 맡고 있는 직원과 약속을 하고 사전에 통과 절차를 밟아야 한다.

② 통고 없이 방문객이 방문하는 경우에는 대기실에서 대기하도록 하는 것이 가장 효과적이다. 대기실 이외의 장소로 이동 시 반드시 방문객임을 표시하는 징표를 몸에 부착하고 다니게 하며, CCTV 등을 통한 감시 및 통제가 필요하다.

3) 차량의 통행절차

① 차량이 들어오는 것을 막기 위해서는 차량의 용도 분류에 따른 출입허가증의 발급이 필요하고 주차스티커와 같은 것을

사용함으로써 출입하는 차량을 효과적으로 통제할 수 있다.

② 출입증을 붙이지 않은 차량에 대해서는 일일이 그 용도와 목적을 확인하고 내부에서 이 차량을 주차할 수 있는 구역을 한정해야 한다.

8. 경보장치

1) 경보장치의 종류

경보장치의 종류는 다양하지만 침입경보장치, 화재경보장치, 특수경보장치 등이 있다.

2) 경보체계의 종류

(1) 중앙모니터실

일반적으로 활용하고 있는 경보체계로서 CCTV를 활용하여 모니터링이 이루어진다.

(2) 다이얼 경보시스템

비상사태가 발생하였을 경우 사전에 입력된 전화번호로 긴급연락이 이루어지는 시스템을 말한다.

(3) 상주경보시스템

각 주요 지점마다 경비원을 배치하여 경비하는 방식이다.

(4) 제한적 경보시스템

사이렌이나 종, 비상등과 같은 제한된 경보장치를 설치한 시스템으로, 일반적으로 화재예방시설이 이 시스템의 전형이다.

(5) 국부적 경보시스템

가장 원시적인 경보체계로서 일정 지역에 국한해 한두 개의 경보장치를 설치하는 방식이다.

(6) 로컬경비시스템

경비원들이 시설물의 감시센터에서 근무를 하고 특이상황이 발생하게 되면 사고 발생 현장으로 출동하여 사고에 대처하는 경비방식이다.

* 외래지원정보시스템: 전용전화회선을 통하여 비상감지 시에 각 관계기관에 자동으로 연락이 취해지는 방식이다. 즉, 건물 각 지점에 감지기가 전화선에 연결되어 있기 때문에 화재, 외부침입, 유독가스 발생 등의 사태가 발생하면 각각 감지된 상황이 전화선을 통해 자동으로 해당 기관에 전달되는 시스템이다.

3) 경보센서의 종류

(1) 광전자식 센서

광전자식 센서는 빛을 매체로 대상물을 감지하는 센서를 총칭하며, 주로 빛을 내는 투광부에서 발사된 빛이 검출 물체에 의해 반응하는 정도에 따라 수광부에 도달하여 침입자를 인지하는 출력신호를 얻는다.

(2) 자력선식 센서

자력선(磁力線)을 발생시키는 장치를 설치한 후에 자력선을 건드리는 물체가 나타나면 경보가 발하는 장치로, 각 센서가 발사한 자기력에 조금이라도 이상이 감지되면 중앙관제센터에 알려짐과 동시에 경보가 작동하게 된다. 보안시설이나 큰 규모의 은행과 같은 곳에 설치된다.

(3) 전자기계식 센서

접촉의 유무를 감지하는 경비센서로 문틈과 문 사이에 접지극을 설치해 두고서 이것이 붙어 있을 경우에는 정상적으로 작동하게 되고 문이 열리면 회로가 차단되어 센서가 작동하게 된다. 창문을 통한 침입을 감지할 수 있으며 저렴한 비용으로 설치할 수 있다.

(4) 초음파 탐지장치

송신장치와 수신장치를 설치하여 양 기계 간에 진동차를 주고받는 과정에서 어떠한 물체가 들어오면 그 파동이 변화됨을 감지하는 장치이다.

(5) 압력반응식 센서

센서에 직·간접적인 압력이 가해지면 작동하는 센서로, 침입자가 이 센서를 건드리거나 밟게 되면 그 즉시 센서가 작동하여 신호를 보내게 된다. 주로 자동문과 같은 장치에 설치한다.

(6) 콘덴서 경보시스템

전류의 흐름으로 외부 충격을 파악하며 계속적으로 전류의 흐름을 방해할 경우 이를 외부에 의한 충격으로 간주하고 경보를 울리게 된다. 보통 금고와 금고문, 철제로 제작된 문, 담 등을 보호하기 위한 장치이다.

(7) 진동탐지기

진동탐지기는 보호대상인 물건에 직접적으로 센서를 부착하여 그 물건이 움직이면 경보가 울리는 장치로 물건 도난을 방지하는 목적으로 사용되기 때문에 오차율이 극히 적으며, 그 정확성이 아주 높다. 일반적으로 고미술품이나 전시 중인 물건 보호에 사용된다.

(8) 음파 경보시스템

소음탐지 경보기, 음향 경보기, 가정주파수 경보기라고도 하며, 외부인이 침입한 경우 침입자의 소리를 감지하여 경보를 내는 기기이다.

(9) 무선주파수 장치

무선주파수를 사용하는 장치로, 침입자에게서 나오는 열에 의해 전파의 이동이 방해를 받으면 그 즉시 경보를 울리는 방식의 경보장치이다.

(10) 전자파 울타리

광전자식 센서를 보다 복잡하게 개발한 장치로서 레이저광선을 3가닥 내지 9가닥 정도까지 쏘아서 하나의 전자벽을 만드는 것이다.

9. 경비원의 순찰과 감시

1) 경비원의 순찰활동

경비원의 순찰활동은 보통 직원들이 퇴근한 후에 이루어져야 한다. 순찰은 문이나 자물쇠 등의 위치를 인식하여 이상징후를 파악하거나, 침입 흔적을 발견하기 위한 경비행위이다. 이는 경비원 상호간에 분업적이고 조직적으로 행해지며 순찰활동 결과에 대한 정보교환이 필요하다.

2) 감시기기에 의한 활동

(1) CCTV

경비원의 감시범위를 확대하기 위해서 CCTV를 각 복도나 입구, 창문, 금고, 귀중품 보관실 등의 정면이나 측면에 설치하여 경비대상을 관찰한다. CCTV는 한 사람에 의해 여러 곳을 감시할 수 있을 뿐만 아니라 비용절감효과를 가져다준다. 사후적으로 책임의 소재를 파악할 수 있기 때문에 범죄 발생 시 증거가 되어 원상회복에도 기여를 한다.

(2) 연속촬영 카메라

고속의 16mm 필름과 신속렌즈를 사용하여 연속적인 사진을 촬영하는 기기이다. 이 기기는 침입자가 감지된 경우 센서의 신호를 받아 침입자의 사진을 연속적으로 촬영하는 기기이다.

제 3 편

혼잡·교통유도경비론

우리나라는 혼잡경비와 교통유도경비를 「경비업법」 제2조 제1호 바목에서 같은 유형의 경비업으로서 설명하고 있다. 건설현장 주변 내지는 도로공사현장에서 발생할 가능성이 있는 교통혼잡을 통제하고 안전조치를 취하는 교통유도경비 역시 혼잡경비의 상황에서 필요적 경비 형태로 간주하여 이 두 가지를 같은 조항에 함께 규정한 것으로 보인다. 하지만 경비의 대상 및 특징에서 혼잡경비와 교통유도경비는 차이가 있으므로 이 두 가지를 동일한 유형의 경비 형태로 분류하는 것은 타당하지 않다.

제 5 장

교통유도경비

1. 교통유도경비의 필요성

현대의 위험은 사회환경의 영향을 받아 인간이 만들어 낸 생산된 위험을 의미하며 그 원인은 조직화되고 공동으로 야기된 무책임이라고 할 수 있다. 즉, 현대사회에서의 주요 재난은 인간의 생산 및 산업활동을 통해 야기된 위험으로 그 원인은 인간의 조직적 활동에 기인한다. 이러한 인간의 공동적 행위에서의 주의의무 위반이 위험상황을 야기하게 된다.

우리나라의 사회적 재난 중에서 가장 큰 비중을 차지하고 있는 위험원은 산업재해라고 할 수 있다. 2022년 1월부터 사업장의 안전을 확보하기 위한 목적으로 「중대재해 처벌 등에 관한 법률」(약

칭: 중대재해처벌법)을 제정 · 시행하게 되었지만 같은 해 건설재해로 사망한 사람만 약 400명에 이른다. 이렇듯 산업 및 생활현장에서 인신에 가해지는 피해는 아직 통제 가능한 상황이 아니다.

각종 사고 등의 위험성이 높은 공사현장, 도로를 점유하는 대형 행사장 및 옥외집회현장의 사고예방과 시민의 안전을 확보하는 역할은 「경비업법」의 고유한 경비업무 영역이라고 할 수 있다. 공사현장과 연결된 도로 등에서 차량과 보행자의 원활하고 안전한 통행을 확보하기 위하여 교통유도경비원이 계획적으로 타인에게 협력을 구함으로써 교통사고의 방지와 원활한 소통을 도모하는 활동의 필요성은 굳이 강조하지 않아도 긴절한 사회적 역할이라고 할 수 있다.

도로교통사고로 인한 손실과 피해를 계량화한 도로교통사고비용의 경우 우리나라는 GDP 대비 1.35%인 26조 원(2020)으로, 이는 독일 1.04%(2019), 일본 0.77%(2014), 영국 0.47%(2020)보다 높은 수준이다.

일본은 이미 1972년부터 교통유도경비제도를 도입하여 제도 시행 이후로 교통사고 사망자가 크게 감소하는 효과를 거두었지만 우리나라는 그동안 교통유도경비제도가 도입되지 않아 건설 · 도로공사현장, 마라톤 경기대회 및 옥외집회 등 도로를 점유하는 각종 행사에 신호원 또는 모범운전자 등이 배치되거나 경찰관이 동원됨으로써 경찰업무가 과중되면서 사회적 비용이 증가하였다. 우리나라의 경우 자동차 1만 대당 도로교통 사망자 수가 1.2명(2021)으로 OECD 국가 평균인 0.8명에 비해 여전히 높은 편이다(최경철, 2023: 249-268).

다중이 밀집한 장소나 도로와 이어진 공사현장에서 전문적 교육을 받지 않은 교통유도원으로 인해 국민들이 각종 안전사고의 위험에 놓여 있다는 지적이 있었으며 실제로 대형 참사로 이루어졌다.[1)]

안전 선진국이라고 할 수 있는 일본이나 미국의 경우 교통유도경비를 교통소통, 수신호와 같은 다양한 방법으로 고유한 도로 사정과 안전관리시스템에 맞춰 구현하고 있다. 일본의 경우에는 교통유도경비원을 민간에서 양성하며 국가에서 공인 자격을 인정하고 업무의 성과를 평가하며, 이를 통해 시공회사를 평가하는 기준으로 삼아 공사 전반에 있어서 안전성을 평가하고 있다.[2)]

선진국에서의 교통유도경비는 공사의 진행을 원활하게 하고, 교통체증을 완화하기 위한 단기적인 목적으로 이용되는 것이 아니라 국가 안전망의 한 부분이자 국가 운송시스템의 일부로서 교통사고를 미연에 방지하기 위한 원활한 소통을 확보하는 기능을 담당하고 궁극적으로 국민의 안전 확보를 위한 적극적인 수단으로 자리잡고 있다고 할 수 있다.

이러한 해외의 입법예와 제도 도입에 대한 주장 그리고 대형 참사에 대한 교훈으로 혼잡경비와 교통유도경비에 대한 법적 근거는 2024년 「경비업법」 개정을 통해 도입되었다.

---

1) 2022년 이태원 참사사고(154명 사망, 149명 부상), 2005년 경북 상주 콘서트장 압사사고(11명 사망 · 162명 부상), 2006년 롯데월드 깔림사고(35명 부상)

2) 일본은 1972년 교통유도경비업무를 도입했다.

2. 교통유도경비의 정의

공사현장은 사람의 보행과 차량의 진행이 함께 이루어지기 때문에 안전사고가 빈번하게 일어나는 곳이다. 현장 및 그 주변은 건설에 투입되는 노동자들뿐 아니라 지역주민들의 생활반경 안에 존재하기 때문에 건설회사 및 관리자의 안전 확보에 관한 주의의무가 상당히 크며 도로상에서 이루어지는 공사의 경우 같은 이유로 인명사고 내지는 상해사고가 발생할 확률이 높다. 이와 더불어 대형 쇼핑몰, 운동 경기장, 이벤트 행사 등이 이루어지는 장소는 차량과 이용자들이 순간적으로 급증하면서 도로의 혼잡을 초래하고 시민의 안전을 위협하는 중대한 위험원이라 할 수 있다. 각종 건설 공사업무를 수행하는 자와 다중이용시설의 관리자 등은 자신의 행위가 교통의 흐름에 방해가 되지 않도록 예방하고 안전사고 발생의 위험을 제거하기 위하여 적절한 교통유도를 통해 안전 확보 조치를 할 필요가 있다.3)

2024년 「경비업법」의 개정을 통해 법제화된 '교통유도경비업무'에서 교통유도경비는 도로 또는 도로와 접속한 사유지나 접속부에서 차량이나 보행자의 원활하고 안전한 통행을 촉진하기 위하여 교통유도경비원이 계획적으로 다른 사람에게 임의의 협력을 구함

3) 2021년 현재 건설업업무 중 사망자는 417명으로 전체 업종 사망자 수의 50%를 초과하며, 2023년 상반기 동안 신고된 건설사고는 3,370건(부상 3,240건, 사망 107건 등)으로 전체 사망자 수는 110명(내국인 98명, 외국인 12명)이며 약 65.3%가 민간공사에서 발생한다. 건설공사 안전관리 종합정보망 참조. https://www.csi.go.kr/community/dataOnlyView.do?bbs_id=data&bbt_no=90188

으로써 교통사고 방지와 원활한 소통을 도모하는 활동[4]을 말한다.

우리보다 앞서 교통유도경비업무를 시행하고 있는 일본의 정의를 빌리면 허가를 받은 법인(교통유도경비업자)이 채용한 고용인으로 교통유도경비업무를 수행하는 자가 교통유도경비원이 되는 것이며 도로나 가로상의 연도(沿道)건축물 또는 사유지의 접속 연도에서 차량이나 보행자의 안전하고 원활한 통행을 유도하기 위해 해당 업무 요원이 사전에 구성된 실행계획을 기반으로 보행자 또는 차량에 협조를 구함으로써 각종 사고를 미연에 방지하고 원활하게 교통의 흐름을 촉진하는 활동으로 교통유도경비를 설명하고 있다.

3. 교통유도경비의 목적

교통유도경비를 통해 얻을 수 있는 효과는 다음과 같다. 첫째, 도로공사현장 등에서의 교통사고 방지와 통행의 안전을 도모할 수 있다. 둘째, 현장 및 주변에서 교통지체를 최소화하는 기능을 한다. 셋째, 공사의 혼잡을 해소함으로써 공사의 지연을 방지하고 효율적인 진행을 촉진할 수 있다. 교통유도경비의 정착을 통하여 과거와 같이 '무사고=안전'이라는 좁은 시각에서 벗어나 새로운 교통문화 및 안전문화를 형성해 나가는 중요한 요소로 작용할 수 있다(김태환, 2008: 35).

4) 참고로 일본 경비업법 제2조 제2항에서는 '사람 혹은 차량이 혼잡한 장소 또는 이러한 통행에 위험이 있는 장소에 있어서의 부상 등의 사고의 발생을 경계하고 방지하는 업무'라고 규정되어 있다.

4. 교통유도경비의 법적 근거

교통유도경비업무를 제도적으로 정착시키기 위해서는 그 내용을 도로에 접속한 공사현장 및 사람과 차량의 통행에 위험이 있는 장소 또는 도로를 점유하는 행사장에서 부상 등 사고 발생을 방지하는 업무로 정의하고 업무의 내용을 구체화할 필요성이 있다. 우리나라 법제는 교통유도경비와 관련된 규정을 「건설기술 진흥법」[5], 「집회 및 시위에 관한 법률」, 「도로교통법」, 국토해양부 '도로공사장 교통관리 지침', 경찰청 '교통안전시설 등 설치·관리에 관한 규칙', 한국도로공사 '고속도로 공사장 교통관리기준' 등에 두고 있다.

5. 교통유도경비 관련 법령

「건설기술 진흥법」은 일정 공사의 경우 공사장 주변의 안전관리대책 및 통행안전시설의 설치를 포함한 안전관리계획의 수립을 요구하고 있으며, 「집회 및 시위에 관한 법률」에서는 질서유지인 규정을 두어 경찰서장 등은 원활한 교통소통, 공공의 질서유지를 위하여 집회 또는 시위의 장소나 행진 구간을 일정하게 구획하여 설

5) 「건설기술 진흥법」 제62조와 같은 법 시행령 제98조 제4항에 따르면 「시설물의 안전 및 유지관리에 관한 특별법」 제7조 제1호 및 제2호의 규정에 의한 1종 시설물 및 2종 시설물의 건설공사와 지하 10미터 이상을 굴착하는 건설공사 등에 대하여 공사장 주변의 안전관리대책 및 통행안전시설의 설치 및 교통소통에 관한 계획을 포함한 안전관리계획을 수립하고 제출하도록 하고 있다.

정한 띠, 방책(防柵), 차선(車線) 등의 경계 표지(標識)인 질서유지선을 둘 수 있도록[6] 하고 있다.

「도로교통법」은 제69조에서 도로의 공사시행자에게 일시, 공사구간, 공사기간 및 시행방법을 경찰서장에게 신고할 의무를 부여하고 필요에 따라 교통안전시설, 안전요원 또는 안전유도장비의 배치[7]를 의무화하고 있다.

---

6) 집회 및 시위에 관한 법률 제2조, 제13조, 제17조 참조.

7) 도로교통법 시행규칙 [별표 15의2] 〈신설 2021. 4. 21.〉
도로공사장의 교통안전시설 설치 및 안전요원·안전유도 장비의 배치에 관한 기준
(도로교통법 시행규칙 제42조의2 관련)
1. 교통안전시설의 설치 기준
가. 공사시행자는 공사로 인하여 차마의 통행을 유도하거나 지시 등을 할 필요가 있을 때에는 교통안전시설을 설치해야 한다.
나. 공사시행자는 기존 도로에 설치된 교통안전시설 중 공사로 인해 위험을 방지하고 교통의 안전과 원활한 소통을 확보하는데 부합하지 않는 시설은 제거하고, 차마와 보행자가 공사장을 피할 수 있도록 교통안전시설을 재설치한다.
2. 안전요원의 배치 기준
가. 배치: 최소 1명 이상을 감속운행이 시작되는 지점(공사구간 전방 60미터에서 90미터까지의 지점을 말한다)에 배치하고, 고속도로의 경우에는 공사구간 전방 500미터 부근에 추가로 안전요원을 배치한다. 다만, 도심의 도로에서는 주변 교통상황 등에 따라 거리를 축소하여 배치할 수 있다.
나. 임무: 수신호와 깃발(야간에는 신호봉)을 사용하여 차마와 보행자를 통제하고, 안전을 유도한다.
다. 복장: 반사체가 부착되어 있는 안전모 등 인명보호 장구를 착용하고, 야광밴드 등 고휘도(高輝度) 반사장비를 휴대한다.
3. 안전유도 장비의 배치 기준
가. 로봇 신호수: 안전요원의 배치가 어려운 경우 배치하되, 안전요원과 같은 복장을 착용하도록 하며, 깃발(야간에는 신호봉)을 상·하로 움직여 신호하도록 한다.

국토교통부 예규인 도로공사장 교통관리지침은 「도로법」 제8조에 의한 도로에서 시행되는 공사에 적용하는 규정으로, 도로 이용자와 작업자의 안전 확보, 도로 서비스 수준 저하 최소화, 시공성 확보를 그 목적으로 하는 규정으로 교통관리계획 수립을 의무화하고 있으며 이동 여부에 따라 고정공사와 이동공사로 구별하고, 공사기간에 따라 장기, 중기, 단기, 단시간 공사로 구별하고 있다. 그리고 각각의 교통관리 및 안전관리, 교통통제시설 등에 관한 세부적인 내용을 규정하고 있다.

경찰청훈령 제1011호(2021. 4. 15) 「교통안전시설 등 설치・관리에 관한 규칙」 제15조(도로공사 신고 접수시의 안전조치) 조항과 [별표 1]의 '공사구간 교통관리 및 교통안전시설 설치기준'에 의하여 관할 경찰서장은 공사 시행자에게 교통통제계획・교통안전시설 설치계획의 수정・보완을 지시하고, 공사기간 중에는 현장점검 및 지도・감독을, 공사 종료 후에는 원상복구 상태확인 및 변상 등의 조치를 하는 등 공사구간을 관리・감독하고 있으며 교통통제에 필요한 안전표지 및 안전유도장비의 설치 등 세부 기준을 규정하고 있다.

한국도로공사는 고속도로상 공사 및 유지보수사업 시행에 따른

나. 작업보호자동차: 짧은 시간 내의 공사나 차량 이동식 공사에서 운전자의 주의를 환기시켜 적정 차로로 유도하기 위하여 차량 표면에 점멸 차단판, 경고등, 완충시설 등을 부착한다.

다. 그 밖의 안전유도 장비: 경광등, 공사안내판, 임시 방호울타리, 교통콘, 갈매기 표지, 드럼 등을 공사 규모 및 위치에 따라 필요한 경우에 설치한다.

4. 그 밖에 도로공사장의 교통안전조치에 관하여 필요한 사항은 경찰청장이 정한다.

자동차와 작업자 및 작업의 안전성 확보, 교통소통의 원활화, 도로관리의 효율성과 이용객 불편의 최소화를 목적으로 '고속도로 공사장 교통관리기준'을 제시하고, 고속도로 각종 공사장 및 유지보수사업 시행 시 교통소통에 지장을 초래하는 모든 공사장을 적용범위로 설정하고 있다.

국토교통부령 제483호(2018. 1. 18)「도로의 유지·보수등에관한 규칙」은 도로의 유지·안전점검 및 보수에 관한 사항을 규율하고 있다. 시행령 제10조에 의하면 관리청은 도로공사 시행 시 작업자 및 보행자의 안전과 교통소통을 위하여 교통관리대책을 수립할 의무가 있으며 그 내용에는 공사안내표지 및 교통통제표지의 설치, 교통 안내 신호수의 배치 사항이 포함되어 있어야 한다고 규정하고 있으나 구체적 배치 기준에 대한 내용은 현재 공백 상태이다.

6. 교통유도경비의 종류

교통유도경비가 주로 이루어지는 장소는 도로 및 다중이용시설일 것이며 요구되는 각각의 교통유도경비의 특징에 따라 고속국도, 일반도로, 다중이용시설로 나누어 편의상 설명하기로 한다.

7. 고속국도

고속도로[8]라는 용어가 오래전부터 쓰이고 있지만「도로법」상으

8) Expressway의 번역어로 보이고 대한민국과 일본 등 아시아권을 중심으로

로 고속국도가 정확한 표현이다. 고속국도는 도로교통망의 중요한 축을 이루며 주요 도시를 연결하는 도로로서 자동차 전용의 고속교통에 사용되는 도로[9]이다. 같은 법에 의하여 노선명과 노선번호가 정해지며 상하행 도로의 분리, 교차로와 신호등 대신 나들목 사용, 주변 교통과의 분리를 통한 접속부 최소화 등을 그 특징으로 한다. 고속국도는 높은 속도로 통행할 수 있으므로 단시간 이동이 가능하도록 도로정비가 이뤄진다. 자동차 등에 의해 이동하는 사람에게는 편리성을 가진 도로이다(안황권 외, 2023: 439). 고속국도의 법률상 최고 제한속도는 보통 110km/h로 정해져 있기 때문에 중대 사고의 가능성이 매우 크다. 이로 인해 고속국도의 사상자 수를 줄이기 위한 교통안전대책이 활발히 이루어지고 있으며[10] 고속국도에서 각종 공사나 작업을 할 경우에 작업장 교통관리기준[11], 작업장 안전관리 매뉴얼 등을 정하고 있다.

사용되는 단어이나 국제적 기준으로는 국도와 정비된 간선도로를 함께 부르는 용어이다.

9) 도로법 제11조.

10) 2022년 잠정 고속국도 교통사고 사망자 수는 156명으로 지난 2018년 227명, 2019년 176명, 2020년 179명, 2021년 171명에 비해 점차 줄고 있다. 이는 졸음쉼터, 화물차 라운지 등 맞춤형 고속도로 사고 예방 대책이 효과를 거둔 것으로 보이며 첨단 교통안전 기술 확대를 통해 안전사고를 충분히 예방할 수 있음을 의미한다.

11) 한국도로공사와 경찰청이 발행한 2021년 고속도로 작업장 교통관리기준은 고속도로 작업장의 교통처리 및 안전시설 설치에 관한 일반적 기준을 제시한 것이므로, 고속도로상 각종 유지보수작업, 도로개량공사 및 확장공사 등에 따른 교통처리 및 안전시설 설치기준 등 수립을 통해 작업으로 인한 교통혼잡 최소화와 이용자 및 작업장의 안전성 확보를 목적으로 하며 「도로법」상 도로의 점용, 「도로교통법」상의 교통안전조치, 도로 공사장의 교통안전시설 설치 및 안전요원·안전유도장비의 배치에 관한 기준 등의 내용을 담고 있다.

제 6 장

교통안전시설

도로 공사장의 교통안전시설 설치 및 안전요원·안전유도장비의 배치에 관한 기준의 구제적인 내용은 다음과 같다.

1. 교통안전시설 설치 기준

「도로법」 제69조 제3항에 따라 공사시행자는 공사기간 중 차마의 통행을 유도하거나 지시 등을 할 필요가 있을 때에는 관할 경찰서장의 지시에 따라 교통안전시설을 설치하여야 하며, 공사시행자는 공사기간 중 공사의 규모, 주변 교통환경 등을 고려하여 필요한 경우 관할 경찰서장의 지시에 따라 안전요원 또는 안전유도장비를 배치하여야 한다.

① 공사시행자는 공사로 인하여 차마의 통행을 유도하거나 지시 등을 할 필요가 있을 때에는 교통안전시설을 설치해야 한다.
② 공사시행자는 기존 도로에 설치된 교통안전시설 중 공사로 인해 위험을 방지하고 교통의 안전과 원활한 소통을 확보하는 데 부합하지 않는 시설은 제거하고, 차마와 보행자가 공사장을 피할 수 있도록 교통안전시설을 재설치한다.

2. 안전요원의 배치 기준

1) 배치

최소 1명 이상을 감속운행이 시작되는 시점(공사구간 전방 60미터에서 90미터까지의 지점을 말한다)에 배치하고, 고속도로의 경우에는 공사구간 전방 500미터 부근에 추가로 안전요원을 배치한다. 다만, 도심의 도로에서는 주변 교통상황 등에 따라 거리를 축소하여 배치할 수 있다.

2) 임무

수신호와 깃발(야간에는 신호봉)을 사용하며 차마와 보행자를 통제하고, 안전을 유도한다.

3) 복장

반사체가 부착되어 있는 안전모 등 인명보호 장구를 착용하고,

야광밴드 등 고휘도 반사장비를 휴대한다.

3. 안전유도장비의 배치 기준

1) 로봇 신호수

안전요원의 배치가 어려운 경우 배치하되, 안전요원과 같은 복장을 착용하도록 하며, 깃발(야간에는 신호봉)을 상하로 움직여 신호하도록 한다.

2) 작업보호자동차

짧은 시간 내의 공사나 차량 이동식 공사에서 운전자의 주의를 환기시켜 적정 차로로 유도하기 위하여 차량 표면에 점멸차단판, 경고등, 완충시설 등을 부착한다.

3) 그 밖의 안전유도장비

경광등, 공사안내판, 임시 방호울타리, 교통콘, 갈매기 표지, 드럼 등을 공사 규모 및 위치에 따라 필요한 경우에 설치한다.

이와 같은 상황에서 교통유도경비업무를 실시하는 경비원은 공사의 종류(도로, 터널, 교량, 고가도, 댐, 건축)에 사용되는 전용안전용 기자재의 설치장소, 그 기능이나 고속국도 등에서 사용하는 유도 기자재의 규격 및 기능, 신호방법 등은 일반도로와 다른 점을 유의해야 한다.

4. 공사구간 교통관리 및 안전시설 설치 기준

1) 공사장 교통통제 절차

신고접수

- 도로교통법 제69조에 의한 신고 서식 구비서류
- 공사 3일 전까지

→

심의

- 신고요건 적정성
  - 도로점용 허가 여부 및 내용
  - 교통통제계획(노선버스 우회 포함)
  - 안전시설 설치계획
- 필요시 도로관리청 협의

→

신고수리

- 교통통제에 따른 문제점 수정·보완토록 지시
- 공사시행과 관련한 조치사항, 주의사항 주지
- 도로공사 신고 확인서 발급
  ※ 교통안전시설 설치 예시도 제공

→

점검 및 지도·감독

- 교통통제계획에 의한 통제
- 과도한 도로점용
- 각종 교통안전시설의 적정 설치 및 유지상태
- 실제 교통상황 검토 후 과도한 통제 및 국민불편사항
- 우회도로 확보

→

사후관리

- 공사 종료 후 원상복구 상태
- 교통신호기 등 정상 작동 여부
  → 이상 발견 시 변상 조치 강구
- 공사에 사용된 각종 시설물 회수·제거 상태

2) 교통통제에 필요한 안전표지 및 안전유도장비

(1) 안전표지

종류	형태	제작	설치방법
표지판	• 주의표지 • 규제표지 • 지시표지	• 도로교통법 시행규칙에 규정된 규격에 의한 표지판 설치 • 야간통제가 필요한 공사장 표지판은 전면 반사체로 설치	• 길가 설치 시 차선에서 30cm 이상 바깥에 진행 방향과 직각으로 설치 • 지면에서 최소한 1~2m 이상 높이로 설치하여 운전자 시인성 제고 • 표지판 설치간격 - 도시도로: 20~25m - 고속도로: 50~200m

(2) 안전유도장비

종류	형태	제작	설치방법
경광등		• 100m 전방에서 식별할 수 있도록 제작 • 필요 없는 방향에는 불빛을 차단하여 야간 운행 시 혼란 방지	• 설치 높이는 1.8m를 기준으로 함 • 공사현장의 시점과 종점에는 반드시 회전경광등 설치
안내판 (공사안내 교통안내판)		• 규격: 90cm×180cm • 합판두께: 12mm • 바탕: 백색 • 글씨: 흑색, 고딕체 (단, 공사안내 · 교통안내는 청색) • 네 모퉁이에 원형의 황색 야광 부착(15cm)	• 공사안내판: 공사지점(공사구간) 전면에 설치 • 교통안내판: 도로공사 중 교통표지판 전방에 설치하되 우회통행이 가능하도록 교통흐름을 고려하여 추가 설치

임시 방호울타리		• 규격: 145cm×180cm • 바탕색: 노랑색 • 글씨와 빗금: 군청색, 고딕체	• 공사연장 구간이 50cm 이상인 경우 안전제일, 시행청 공사기간, 시공회사 순의 안전 칸막이를 2~3개씩 반복 설치하며, 50m 미만인 경우 위 순서로 각 1개씩 반복 설치
교통콘 (고무기둥)		• 효과적인 교통콘 제작을 위해 형광을 발하는 색을 이용 • 최소 45cm 높이로 제작 • 교통콘 색은 가급적 적색과 흰색을 사용 • 야간에도 사용할 수 있도록 표면은 반사체로 제작	• 바람에 날려가지 않도록 도로표면에 견고하게 설치 • 바닥을 무겁게 하거나 교통콘에 모래주머니를 부착하여 설치 • 차로변경 구간에는 도류화시설물로 설치 • 경우에 따라 상단에 소형 전구 설치
갈매기 표지판 (조명사용)		• 흰색 바탕에 적색 꺾음로 표시 제작 • 직사각형으로 규격은 90cm×45cm, 70cm×35cm 또는 60cm×30cm (주의도에 따라 선택)	• 운전자에게 경각심을 줄 수 있는 장소에 설치 • 설치 높이는 노면에서 반사체의 중심까지 140~170cm를 기준으로 함 • 차량진행방향에 직각으로 설치
드럼 (충격흡수 시설)		• 바탕색은 적색, 띠는 백색으로 도색 • 야간 시인성을 위해 반사테이프 부착 • 원통형으로 규격은 직경 45cm, 높이 80cm	• 드럼 내에 모래나 흙을 1/3 정도 채워 설치(차량 충돌 시 충격 완화) • 통바닥에 구멍을 뚫어 물이 새어 나가도록 설치 • 장기간 공사 시 사용

5. 중점관리 대상

1) 교통통제구간의 적정성

공사로 인해 방해를 받은 교통흐름을 원활하게 유도하는 구간으로 사전 경고표지판이 설치된 지점에서 공사구간을 지난 교통류가 더 이상 영향을 받지 않는 지점까지 5개 구간으로 구분하여 설정한다.

(1) 주의구간

전방 교통상황 변화를 인식할 수 있도록 하는 구간

① 고속도로: 1000~1600m

② 일반도로: 500m

③ 도시가로: 1블록

(2) 완화구간

주행차로를 차단하고 차로를 변화시키는 구간

(3) 완충구간

주의표지를 식별치 못하여 차로를 변경하지 못한 경우 충돌방지 구간

(4) 공사구간

당해 공사 실시 구간

(5) 공사이탈구간

공사구간을 통과하여 정상 주행차로로 복귀하기 위한 구간

2) 교통통제 시설물 설치 상태

① 주의표지, 규제표지, 지시표지의 종류별 적재적소 설치
② 공사구간 특성에 비추어 표지 크기 · 색상의 시인성이 충분한지 여부 확인
③ 표지 간 거리의 적정유지 상태
④ 교통통제 시설물의 배치
⑤ 설치된 안전시설물의 견고성
⑥ 불필요한 통제시설물의 제거 · 보완

3) 시공자 준수사항 이행 여부

(1) 교통사고 방지대책

① 작업인부, 장비, 차량 보호방안
② 건설자재 장비 방치 및 도로점용
③ 작업인부 동선의 안전성
④ 각종 시설물의 야간 시인성
⑤ 보도공사 시 보행자의 동선 확보

(2) 교통혼잡 방지대책

① 공사에 따른 최소한도 교통차단

② 공정에 따른 신속한 복구

③ 극심한 감속 회피방안

④ 긴급사태 대비 우회도로 확보

⑤ 응급구호시설과 연결동선 확보

⑥ 공사기간 필요한 최소한도에 국한

(3) 안전요원 배치(통제수) 근무상황

① 자격

차량유도 및 통제능력이 있고 책임감이 왕성한 자

② 임무

수신호와 깃발 사용하에 통행차량과 사람 통제, 안전유도

③ 복장

안전장구 착용, 야광밴드 등 야간휘도 반사장비 휴대

④ 위치

속도감속이 시작되는 지점(공사구간 60~90m 전방)에 배치하되, 도심구간은 거리를 축소하여 배치하고, 복잡한 구간은 1인 2교대로 2~3개소, 보통구간은 1인 2교대로 1개소 배치

6. 도로 종류별 통제방법

종류	통제요령	비고
2차로 도로 일방향 통제공사	• 2차 도로의 일방향 통제 시 나머지 한 차선으로 양방향 통행 조치 • 차로변화구간은 18~20m 확보 • 공사구간 양 끝에 각각 통제수 배치 또는 이동식 신호기 설치 • 장기공사인 경우 신호등 운영 • 공사구간이 짧은 경우 표지판 간격 축소	(예시2)
4차로 도로 일방향 통제공사	• 2개 차로 공사의 경우 나머지 반대방향 2개 차로로 양방향 통행 • 대행차로 사이 완충구간 설정	(예시3)
평면교차로 내부공사	• 모든 접근로에 안전표지판 시설물 설치 • 교통량 조사 · 분석, 신호현시 조정	(예시4)
보도점유 공사	• 임시도로 설치로 보행자 동선 확보 • 양쪽보도 동시점유 금지, 교대로 공사복구 • 임시보도 시설물, 표지판 설치 • 사고우려 있는 기존 노면표시 제거, 임시 노면표시 설치	(예시5)
2차로 고속도로 공사	• 고속주행특성 감안, 사전주의구간 1200~1500m 필요 • 표지판 수 증가설치, 시인성 제고 • 교대통행 처리(통제수, 신호등) • 야간우천 시 점멸식 정지표지판 설치	(예시6)
4차로 고속도로 공사	• 사전주의구간 충분히 확보(1500m) • 차선유도표지판 반복 설치(150m 간격) • 안전표지판 규격배율 확대 설치 (기본규격×2.5배)	(예시7)

※ 기타 공사유형은 통제구간 설정과 안전시설물 설치 시 공사특성, 도로상황, 교통여건을 충분히 고려하여 상기 방법에 준해서 통제

7. 일반도로에서의 교통유도경비

일반도로는 도시의 경우 상가 혹은 주상복합건물과 인접해 있는 경우가 많다. 일반도로에서 공사가 진행되는 경우 주거민이나 보행자의 안전과 밀접한 관계를 갖게 된다. 교통유도경비가 필요한 공사는 건물 아파트의 신축 및 재건축, 안전선 및 차선 도색작업, 그리고 도로정비나 도로설비에 관련된 공사 등 다양한 형태로 존재한다. 교통유도경비원이 건설현장에서 수행하는 유도는 공사로 인해 야기되는 교통의 체증을 미연에 방지하고 보행자의 안전을 확보하고 사고의 위험을 방지하면서 원활한 교통을 확보하고 안전한 공사가 진행될 수 있도록 보조하는 것이 부여된 역할이다.

일반도로에서 교통유도경비업무를 수행하기 위해서는 공사의 성격을 정확하게 파악하고, 작업 차량들의 일정을 숙지하고, 인근 보행자들의 숫자와 특성을 우선 파악해야 한다. 그리고 시간의 변화에 따른 교통량의 변화를 파악해야 한다. 공사의 성격과 특성이란 장기공사와 단기공사에서 요구되는 업무의 성격에 차이가 있고 각각의 공사기간 중에도 이동하는 차량이 변화하며, 이에 따른 안전확보를 위한 조치들이 다양하게 요구된다는 의미이다. 또한 거주자들이 많이 이동하는 시간의 교통유도경비는 상대적으로 큰 주의가 요구된다. 현장은 시시각각으로 다양한 상황의 변화가 이루어지기 때문에 경비원의 배치에 있어서 적절한 절차를 정하고 관리자와의 지속적인 커뮤니케이션이 요구된다.

8. 다중이용시설

다중이용시설이란 「다중이용업소의 안전관리에 관한 특별법」(약칭: 다중이용업소법)이 정의하고 있는 개념으로 불특정 다수인이 이용하는 영업 중 화재 등 재난 발생 시 생명·신체·재산상의 피해가 발생할 우려가 높은 것으로서 대통령령으로 정하는 영업 시설을 의미한다. 다중이용시설의 기준은 시설의 종류, 면적, 사용 인원에 따라 각각 다른 기준이 적용되는데 일정 규모 이상의 음식점, 학원, 목욕장 등이 「다중이용업소법」에 의해 정해진다.

「경비업법」의 법문상 다중이용시설을 따로 규정하지 않았으며 제2조 제1호의 시설경비업무를 정의하면서 '경비대상시설에서의 도난·화재 그 밖의 혼잡 등으로 인한 위험 발생을 방지하는 업무'에서 혼잡대상시설이 등장할 뿐이다. 생각건대 「다중이용업소법」과 「경비업법」은 보호하고자 하는 법익과 규제의 대상이 다르기 때문에 다중이용시설이라는 개념으로 경비 유형을 분류하는 것은 옳지 않으며 경비업에서 고려할 수 있는 다중이용시설은 혼잡상황이 발생하거나 발생할 위험이 있는 불특정 다수인이 사용하는 경비대상시설을 의미한다고 할 수 있다.

넓게는 공항시설, 역사, 터미널, 백화점, 행사현장, 음악회장, 영화관, 종합병원에 이르기까지 다양하며 교통유도경비에서 의미를 갖는 업무는 다중이용시설에 진입 및 퇴거하는 차량 혹은 다중의 안전의 확보이다. 백화점이나 결혼식장의 주차장에 진입 및 퇴거하는 차량들에 대한 교통유도경비로서의 특이점은 없으나 이러한 시설의 주차장은 노인, 장애인, 임산부, 아동 등이 많이 이용하는 시설이므로 그만큼 통제의 안전을 위한 주의를 확보할 필요성이 크다고 볼 수 있다. 나아가 예기치 않은 다중의 인파와 교통유도경비 상황이 결합하게 되는 경우 인명사고의 위험이 배가되기 때문에 교통유도경비업무를 수행하는 경비원은 다중이용시설의 대피로 이동 동선을 파악하고 긴급한 경우 필요한 조치를 취해야 할 것이다.

제 7 장

교통유도경비 자격제도

1. 교통유도경비 자격제도의 필요성

우리나라의 경우 고속도로의 총연장만 2024년 2월 7일 기준으로 5,016.6km로 국토 면적에 비해 매우 촘촘하게 고속도로망이 짜여 있으며, 극히 일부 구간을 제외한 모든 노선이 왕복 4차로 이상이다. 전체 도로의 길이는 약 12만km로 국토 면적의 1.7%가 도로로 이루어져 있다. 이에 따라 도로시설의 유지 · 보수, 확장이나 도로 선형개량 그리고 도로와 인접한 곳에서 이루어지는 건설공사의 총량은 엄청난 규모라고 할 수 있다. 도로가 동적인 개념이라면 건설현장은 정적 개념이라 이 둘은 개념적으로 충돌하게 된다. 거기에 도로와 건설현장은 사람의 이동을 항상 포함하고 있어 각각의 안전을 유지하고, 예정된 공사를 진행하며, 차량의 이동을 보장하는 것은 인위적인 조화를 필요로 하며 교통유도경비의 본질을 이것으로 볼 수 있다. 공사를 위해서는 일부 차로의 통제가 필요하고 이에 따라 교통적체가 이루어지고, 작업자와 시민들은 여러 상황에서 위험에 노출되기 때문에 이를 해결할 수 있는 합리적인 방안 중 하나가 교통유도경비제도의 법제화라고 할 수 있다.

고도의 위험성이 현존하는 상황임에도 불구하고 지금까지의 건설공사현장에서는 교통유도경비가 실시되지 않은 경우가 많았고, 일부 건설현장에서 제한적으로 이루어졌지만 이 역시도 경비로서의 전문성을 결한 상태의 자의적 결정으로 이루어졌다고 할 수 있다. 교통유도경비는 대상경비시설이 도로와 건설현장을 포괄하므로 고유한 경비특성을 가지고 있기 때문에 업무를 이해하고, 전문성을 담보할 수 있도록 기본교육의 이수와 일정한 자격검정을 통한 교통유도경비 자격제도의 도입이 필요하다.

2. 교통유도경비 자격 신설

2024년 6월 현재 교통유도경비는 도입하는 법률개정만 이루어졌을 뿐 이를 어떻게 제도적으로 운영할지에 대하여는 정해지지 않은 상태이다. 법률에서 어떠한 방식으로 교통유도경비제도를 구현할 것인가에 대하여 구체적인 내용을 포함하고 있지 않다. 그렇다면 법률의 시행령을 통해 구체적인 내용을 보충할 수밖에 없는데 시행령이 제정될 경우에 다음과 같은 내용이 포함되어야 할 것이다.

먼저 경비업자는 교통유도경비원으로 하여금 대통령령으로 정하는 교육을 필수적으로 받게 하여야 하고, 시행규칙을 통하여 교육시간, 교육방법, 교육의 주체를 정해야 한다. 그리고 필수 교육을 이수한 경비원에 한하여 교통유도경비업무에 종사하게 하여야 한다. 도로 및 교통 그리고 시민의 안전을 담당하는 역할이므로 배치와 관련하여 경찰관서를 통한 신고의무가 이루어져야 한다.

3. 교통유도경비제도의 기대 효과

교통유도경비는 공사 등에 의해 유발되는 지체와 교통 불편을 감소시키고, 교통안전의 증진에 기여할 수 있는 제도로서 안전한 사회를 만드는 데 크게 기여할 수 있다. 또한 교통유도경비제도가 우리나라에 안정적으로 정착될 경우 7만~10만 명(50%는 정규직)의 일자리 창출을 기대할 수 있으며, 약 1조 원 규모의 매출을 올릴 것으로 추정된다(김태환, 2008).

교통유도경비의 경우 다른 경비와 달리 노인, 장애인 그리고 여성 계층의 일자리를 만들 수 있을 것이다. 물론 전문성과 안전지식, 표준화된 교통안전지도가 필요한 일자리이므로 그에 상응한 교육이 필요하며 이를 위한 교육시스템과 커리큘럼, 교재의 제작이 필요하다.

안전지도원으로서의 전문성에 대한 인증을 위하여 검정제도를 마련하여 업무의 능력을 검증한다면 신체적인 약자들도 충분히 경비원으로서 일할 수 있을 것으로 기대한다(김태환, 2008).

4. 구체적인 운영방법

구체적인 방향으로서 일본과 같이 일정한 교육과 시험을 통과한 교통유도경비원에게 1급과 2급 자격증을 부여하는 것이 바람직하다. 소통이나 안전에 영향을 줄 수 있는 도로 관련 공사의 경우 시공사가 교통유도경비 시행계획(인력 규모, 시간 등)을 제출하도록 관련 제도를 정비하여 체계화할 필요가 있다(김태환, 2008).

교통유도경비원의 교육은 이론교육과 기능교육(실기)으로 나누어 실시하며 각 해당 과목을 살펴보면 다음의 표로 정리할 수 있다.

[교통유도경비원 교육과목(안)]

구분 (교육시간)	과목	시간 (신설)
이론교육	경비업법(경비원 관련 사항)	2
	도로교통법(교통사고 관련 사항)	2
	위험방지 및 사고현장대처론	1
	교통유도경비업무 기자재 관리	2
	사고현장대처론	1
	직업윤리 및 예절	1
	필기시험	1
	소계	10
기능교육	교통유도 전문 능력 훈련 (기재 사용, 장비 설치)	3
	신호방법 및 차량유도	2
	응급처치 실기 훈련	2
	도로 위험방지 실기 훈련	2

	사고 발생 대처 실기 훈련	2
	실기시험	1
	소계	12
기타 사항	입교 및 수료식	2
총계		24

5. 교통유도경비 자격제도 시행방안

교통유도경비를 어떻게 제도적으로 안정화시킬 것인가에 대하여 자격제도를 도입하여 전문교육을 담보하는 방식을 이미 제한한 바 있다. 그 방안은 아래와 같은 방법이 효율적일 것이다.

제도 시행의 초기에는 법령 정비를 통해 제도의 본질적 내용을 규정해야 한다. 모법에 위임의 근거를 확실히 규정하는 것이다. 실제로 운영하는 방법은 다음과 같다.

첫째, 교통유도경비의 전문성 강화를 위한 교육체계를 확충하여 이론과 실기학습에 대한 커리큘럼을 만들고 현장실습과 같은 실기학습을 병행하도록 한다.

둘째, 업무에 특성에 적합한 기관을 투명하게 선정하고 실무가와 이론가가 함께 공통적인 교육프로그램을 개발하고 시행한다. 앞으로는 대학과 같은 교육기관과 함께 교육프로그램을 진행하는 것도 좋은 방안이 될 수 있다.

셋째, 시행의 초기에는 일정 시간 교육을 정상적으로 이수하면 자격증을 부여하는 방식으로 시작하고, 정착 단계 이후에는 교육에 의한 자격증 획득과 시험에 의한 직접 검정으로 발전시켜 향후 국가자격증을 부여하는 방향으로 발전시키는 방안이 좋을 것이다(김태환, 2008).

6. 교통유도경비 교육의 인프라 구축의 문제

전문성 제고를 위한 교육프로그램 확충 방안으로 교재 개발, 실기교육 내용 확정과 전문 강사 양성, 운전학원 등 실기교육 공간의 확보가 필요하다. 또한 교통유도경비의 기본 사항, 관계법령, 차량 등의 유도, 사고 발생 시 응급조치, 자동차 운동 특성－시계의 사각지대(視界의 死角地帶)의 이해, 회전반경과 여유 공간 등－과 관련된 문제를 개발하고 현장의 상황을 반영한 교육내용을 추가하고 실무에서 유용한 도움이 될 시험문제를 개발해야 한다(김태환, 2008).

차량과 보행자의 유도방법, 교통정리, 유도장비의 사용방법, 용어, 현장의 교통유도설비, 복장 등 교통유도경비 전반에 걸쳐 체계적인 발전을 위한 표준화 노력이 중요하며 경비업계, 학계, 관련전문가, 관련 연구기관 등 각계의 참여 아래 표준화를 이루기 위한 지속적인 협의와 합의 도출과정이 요구된다(김태환, 2008).

교통안전공단 등 공신력을 가진 기관이 중점적으로 참여하여 공적인 합의를 이루어낼 수 있는 방법도 모색해야 하고, 이해관계를 가진 여러 기관과의 합의된 내용이 교육내용과 교육프로그램에 적극적으로 반영될 수 있도록 해야 한다.

7. 교통유도경비의 제도적 기대효과

교통유도경비는 관련법의 개정, 도로 및 건물 공사의 신고제도의 변화, 교육기관의 설립, 자격제도의 도입 및 실행, 관련 업계의 참여 등 연구범위의 폭이 넓고, 일자리 창출의 규모가 크며, 사회적인 파급력이 상당히 크다는 면에서 심도 있는 접근이 요구된다. 개별 비영리법인이 현재의 제도적 틀 내에서 추진하는 일반적인 형태의 '사회적 일자리 창출' 프로그램으로 진행하기에는 한계가 있으므로 다양한 기관의 네트워크 구축이 필요하다(김태환, 2008).

[교통유도경비제도 정착을 위한 기관별 역할]

관계기관	추진내용
국회	관련 시행령, 시행규칙의 제정
국토교통부	안전관리비 계상 기준에 교통유도경비 도급료 포함
행정안전부	각종 행사장 등에 교통유도경비원 배치 의무화
문화체육관광부	각종 문화·체육 행사 시 교통유도경비원 배치 의무화
교육부	스쿨존 운영 등에 교통유도경비원 배치 의무화
경찰청	교통경찰관 보조원으로서 교통유도경비원 배치 추진
고용노동부	사회적 일자리로 추진, 교육프로그램 확립 지원
학계	관련 제도 연구 및 법·제도 개선방안 마련, 교재 개발, 검정문제 개발
지자체	시범사업 전개, 유자격자 고용을 의무화
도로교통공단	교육프로그램 지원
경비업계	인력 확보, 교육 의뢰, 시범사업의 추진
협회	교육기관 설립, 교육프로그램의 추진, 자격검정제도 도입 검토
건설업계	전문성을 확보한 유자격자 고용을 적극 추진

제 8 장

각국 교통유도경비제도의 운용

1. 미국의 교통유도경비

미국의 경우 도로상의 공사는 10% 이상의 교통혼잡을 야기하는 것으로 분석되고 있다. 미국 전역에서 이루어진 연구 조사에 따르면 교통체증의 주요 원인은 병목 40%, 교통사고 25%, 나쁜 날씨 15%, 공사구간 10%, 신호체계 미비 5%, 특별행사 등 기타 5% 등이며 특히, 지하철공사 등이 이루어지고 있는 도시에서는 그 비중이 커지고 있다. 이러한 문제의 해결을 위한 대안으로 '교통유도경비'가 시행되어 왔다.

미국에서는 공사장 내·외부 안전을 위해 안전시설, 교통소통, 수신호 등 다양한 안전관리기법을 각 주의 규정을 통해 적용하고 있으며 MUTCD(Manual on Uniform Traffic Control Devices)에 의거 적용 · 운영하고 있다. MUTCD는 미국의 도로 및 고속도로의 통일적 표준을 의미하고 미국은 1971년부터 연방고속도로관리국(FHWA)에서 채택, 연방관보에 게시하고 있으며, 최신의 규정은 11번째 버전1)이다.

미국은 1994년 미국도로교통건설협회(American Road & Transportation Builders Association)와 미국주고속도로 및 교통공무원협회(AASHTO)2)의 공동 후원으로 전국 작업 구역 컨퍼런스에서 클리어링하우스(National Work Zone Safety Information Clearinghouse)3)를 개발하였다.

클리어링하우스를 통해 도로 작업 구역에서 운전자, 작업자 및 보행자의 안전을 개선하기 위한 포괄적인 정보를 교통 건설업계 및 일반 대중에게 제공하고 연방고속도로관리국의 지원으로 교통 건설 커뮤니티에 무료교육4)을 제공하고 있다.

---

1) 미국 전역의 도로, 고속도로, 보행자 및 자전거 시설, 대중 통행이 가능한 현장도로, 도로표시, 고속도로 표지판, 교통신호를 포함하고 있으며 설치, 유지 및 관리의 표준이 되는 매뉴얼이다.
https://www.bls.gov/oes/current/oes339032.htm

2) 미국주고속도로 및 교통공무원협회(AASHTO)는 50개 주와 컬럼비아 특별구, 푸에르토리코의 고속도로 및 교통 부서를 대표하는 비영리 · 초당파적 협회로서 안전하고 효율적인 운송시스템의 개발 및 유지 · 관리를 위한 리더십, 기술 서비스 및 지원을 제공하며 고속도로, 교량, 대중교통 및 교통관리와 같은 문제와 관련된 연구, 정책 개발, 기술 지원 및 교육에 참여한다. AASHTO는 항공, 고속도로, 대중교통, 철도 및 수로의 5가지 교통수단의 앞자를 딴 것으로 운송과 관련된 광범위한 표준을 개발하며 통합 국가교통시스템의 개발, 운영 및 유지 · 관리 촉진을 그 목표로 하고 있다.

3) https://workzonesafety.org/

4) 교육의 세부적 내용은 도로에 깃발 표시, 작업 구역의 가시거리 인지, 내부

2. 일본의 교통유도경비[5)]

1) 일본 교통유도경비의 의의 및 연혁

일본 법률상 교통유도경비란 주차장이나 공사현장, 이벤트 장소 혹은 혼잡한 곳에서 자동차나 보행자 등에 지시를 내려 교통유도를 통해 보행자의 안전한 통행을 확보하고 현장의 안전사고를 미연에 방지하는 역할을 하는 경비업의 한 종류[6)]이다. 일본은 1964년 도쿄올림픽을 계기로 '교통유도경비'가 시행되었으며 1970년의 오사카 엑스포를 계기로 정착단계에 이르렀다. 또한 1972년 경비업법을 제정하여 시행하고, 1986년 경비원 검정제도를 설립함으로써 발전적인 모습을 보였으며, 2005년에는 고속도로나 국도의 교통유도경비 기준을 강화하고 경비원지도교육책임자제도를 도입하기에 이르렀다(김태환, 2008). 일본의 사례는 우리에게 교통유도경비와 관련하여 적지 않은 시사점을 던져준다. 즉, 일본은 경비의 개념을 '범죄 억제와 예방'의 차원을 넘어 '주민의 안전도모'라는 적극적인

교통 관제 계획, 작업 구역에서 끼임 등 사고 방지, 작업 구역에서 대형 트럭과 비트럭 차량 분리, 미국 장애인법(Americans with Disabilities Act)을 근로 구역에 적용, 작업 구역의 대형 트럭 안전 개선, 임시 교통 통제 장치, 오토바이 및 자전거를 위한 작업장 안전, 작업 구역의 교통사고 관리, 작업 구역의 야간 작업 등 다양한 내용을 포함하고 있으며 온라인 교육을 통해 수료증을 제공하고 있다.

5) https://www.spd-security.com/blog/2536

6) 교통유도경비는 일본 경비업법의 제2조 제1항 제2호에 의해 정의된 경비업무의 하나이며, 일반적으로는 '교통유도'라고 한다. 우리나라의 경우 정확한 법적 개념이 없으므로 이를 도입하는 시점에서 폭넓은 연구와 논의과정이 필요하다.

개념으로 확장하여 적용하고 있다고 볼 수 있다. 통계에 의하면 교통유도경비제도의 시행 이전에 교통사고 사망자가 16,000명 수준이었던 것이 지금은 1,198명 수준으로 크게 감소하였는데 그 원인에는 교통유도경비의 역할이 지대했던 것으로 평가된다.

[일본의 교통유도경비]

일본은 대부분의 경비업체가 교통유도경비와 일반시설경비를 함께 운영하고 있으므로 인력의 수급 조정이나 재배치가 필요할 경우 교통유도경비원을 일반시설경비원으로 투입하는 경우도 있으며, 고용 형태의 특수한 성격으로 인해 일시적인 인력의 과다수요나 일거리의 부족 현상을 해소하기 위하여 경비업체 간의 네트워크 구축을 통해 상호간의 인력 교류가 활발하게 이루어지고 있다(김태환, 2008).

2) 일본 교통유도경비원의 자격취득절차

(1) 구분

일본의 교통유도경비원은 다음과 같이 일반경비원, 2급 검정 합격 경비원, 1급 검정 합격 경비원으로 구분되며, 2005년 경비업법의 개정으로 도입된 경비원지도교육책임자가 있다.

[교통유도경비원 등의 구분]

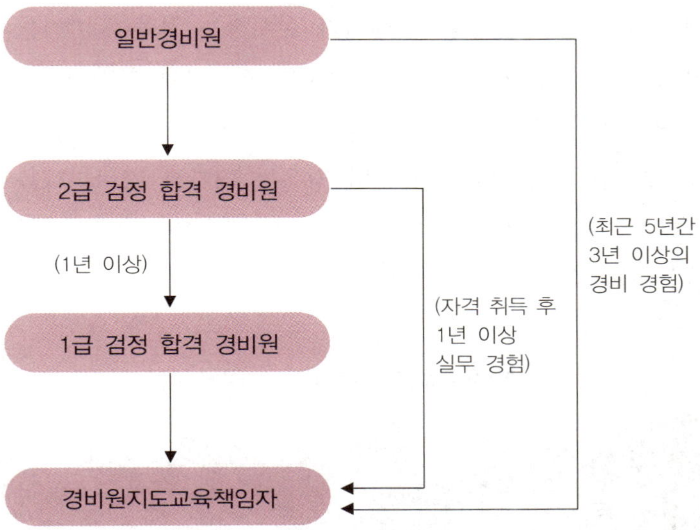

(2) 자격검정

교통유도경비원 검정제도는 도도부현(우리나라의 시·도) 공안위원회에 의해 시행·관리되고 있다. 1급과 2급으로 나뉘어 각각 시험에 합격해야 하며, 합격자는 등록 후 정해진 시간의 강습을 받아야 한다.

2005년 경비업법의 개정으로 고속도로나 국도 교통유도경비에 대한 기준을 강화하고 고속도로나 국도 등 국토교통성에서 발주하는 모든 공사에 대한 교통유도경비는 2급 이상 검정 합격 경비원으로 한정함에 따라, '유자격자'에 대한 수요가 증가하고 있다. 검정자격의 취득 방법은 두 가지로 나뉜다(김태환, 2008).

첫 번째는 도도부현 공안위원회가 실시하는 학과 및 실기 시험에 합격하여 합격증명서(자격증)를 취득하는 직접검정 방법이며, 두 번째는 경비원 특별강습사업센터가 실시하는 교육(講習會)을 수강하고, 수료고사에 합격하여 수료증서를 교부받아 학과 및 실기 시험을 면제받아 도도부현 공안위원회에 신청하여 서류심사 후 합격증명서를 취득하는 방법이다. 이 경우는 대부분 경비회사를 통한 교육이며, 현직의 경비원 이외의 인력이 교육을 수강하는 것은 사실상 불가능하다(김태환, 2008).

[일본의 교통유도경비원 교육(실기)]

(3) 교육

신규 교통유도경비원은 기본교육 15시간과 직무교육 15시간 이상을 받아야 하며, 현재 근무 중인 교통유도경비원의 경우 1년에 2회 8시간(기본교육 3시간, 직무교육 5시간) 이상의 교육을 이수해야 한다.

[일본의 교통유도경비원 교육(이론)]

[일본의 교통유도경비 교재]

(4) 시행 형태

경비업체 중 일부 영세업체의 경우 일용직이나 임시고용 형태, 혹은 단기취업 형태를 취하는 경우도 있지만, 대부분 상시적인 고용 형태를 취하고 있다. 앞서 말했다시피 일본의 경비업체가 교통유도경비와 일반시설경비를 함께 하고 있으므로 인력의 배치가 유연하게 이루어지고 있고 경비업체 간의 인적 교류가 유연하게 이루어지고 있어서 안정적인 운영을 꾀할 수 있는 장점이 있다.

일반 도로에서의 공사를 담당하는 시공자인 건설회사는 도로공사를 관할하는 경찰서에 신고를 할 때, 교통유도경비원의 투입계획(인력 규모, 시간 등)을 제출해야 한다. 해당 건설회사는 도로공사 시행 이전에 경비업체에 필요한 인력에 대한 배치를 의뢰하며, 건설회사와 경비업체 사이에 비용에 대한 사전 협의를 하게 된다(김태환, 2008).

고속도로에서의 교통유도경비업무는 차량이 고속으로 운행하고 운행 차량이 많아 위험도가 매우 높기 때문에 상당히 엄격한 배치기준을 설정하고 있다. 건축공사현장에서의 교통유도경비업무는 대부분 건축주가 아닌 시공사가 경비업체에 의뢰하는 방식으로 시행하고 있다(김태환, 2008).

주차장에서의 교통유도경비업무나 이벤트에 수반하는 경비업무의 경우에는 일상적인 관행에 따라 이루어지고 있다. 일본은 재난이 자주 발생하는 특성을 반영하여 '재난(재해)지원협정에 기초한 교통유도경비업무'가 시행되고 있다. 예를 들면 고베 대지진의 발생 등의 대형 재난 발생 이후 도쿄도지사-경찰청-경비업체 사이에 재난지원협정을 체결하고 도지사의 요청에 따라 필요시 경비로 투입하여 교통정비와 방범업무를 수행할 수 있으며, 이 경우 협정기준 금액에 따라 비용을 지급받게 되는데, 일반 업무에 비해 약간 저렴하게 받고 있다(김태환, 2008).

[한국과 일본의 교통유도경비 시행 현황 비교]

구분	한국	일본
공사 구간에서의 교통유도경비	일부 공사에서만 시행	모든 도로 및 접속부 공사에서 시행
교통유도경비원제도	자격제도 없음	국가자격으로 운영
교육시스템	없음	경비업계 중심으로 체계적으로 수행됨
공사장 교통안전관리	비체계적인 곳이 상당수	매우 체계적으로 관리됨
교통유도경비의 법적 구속력	없음	없음
교통유도경비 기법의 표준화	되어 있지 않음	되어 있음
기타	없음	대형 재난 지역의 치안과 교통정리

3) 일본 경비원의 자격

일본의 경우 경비원의 자격은 일본 경비업법 제14조 등에 규정되어 있다.

경비원의 결격사유는 다음과 같다.

① 18세 미만자 또는 성년피후견인
② 파산자로서 복권되지 아니한 자
③ 금고 이상의 형을 받거나 또는 이 법에 위반해 벌금형을 받고 그 집행을 종료하거나 집행을 받지 않기로 된 날로부터 5년이 경과되지 않은 자
④ 최근 5년간 이 법률 또는 이 법률에 근거한 명령 혹은 처분에 위반하거나 경비업무에 관련된 타 법령에 위반하는 중대한 부정행위로 국가공안위원회 규칙으로 정한 자
⑤ 집단적이거나 상습적인 폭력적 불법행위 등 위법행위로 국가공안위원회 규칙 규정을 위반할 우려가 있다고 인정하기에 충분하고 상당한 이유가 있는 자
⑥ 폭력단원에 의한 부당한 행위의 방지 등에 관한 법률(1991년 법률 제77호) 제12조[7] 또는 제12조의6[8]의 규정에 의한 명령

---

7) 제12조 공안위원회는 제10조 제1항(폭력조직원에게 폭력적 요구행위를 하도록 요구, 의뢰 또는 교사)의 규정에 위반하는 행위를 한 경우로서 해당 행위를 한 자가 동항의 규정에 위반하는 행위를 반복적으로 할 우려가 있다고 인정하는 경우에는 해당 행위를 한 자에 대하여 1년을 초과하지 아니하는 범위에서 기간을 정하여 해당 행위와 관련된 지정폭력배 또는 해당 지정폭력배가 소속된 지정폭력배 등 다른 지정폭력배에게 폭력적 요구행위를 요구-요청-권유하는 행위를 방지하기 위하여 필요한 사항을 명할 수 있다. 해당 지정폭력배원이 소속된 지정폭력단 등 다른 지정폭력배원에게 폭력적 요구행위를 하도록 요구, 의뢰 또는 교사하는 것을 방지하기 위하여 필요한 사항을 명할 수 있다.
제2항 공안위원회는 제10조 제2항의 규정에 위반하는 행위가 행하여지고 있고, 해당 위반행위에 관한 폭력적 요구행위의 상대방의 생활의 평온 또는 업무수행의 평온을 해치고 있다고 인정하는 경우에는 해당 위반행위를 하는 자에게 해당 위반행위를 중지할 것을 명하거나 해당 위반행위를 중지할 것을 확보할 수 있다. 또는 해당 위반행위가 중지되도록 하기 위하여 필요한 사항을 명할 수 있다.

8) 공안위원회는 전조의 규정을 위반한 준폭력적 요구행위가 행하여져 그 상

또는 동법 제12조의4 제2항[9]의 규정에 의한 지시를 받은 자로서 해당 명령 또는 지시를 받은 날로부터 3년을 경과하지 아니한 자

⑦ 알코올, 마약, 대마, 아편 또는 각성제 중독자

⑧ 심신장애로 인하여 경비업무를 적정하게 실시할 수 없는 자로서 국가공안위원회 규칙으로 정한 자에 규정된 자

⑨ 영업에 관하여 성년과 동일한 행위능력을 갖추지 못한 미성년자

⑩ 경비원지도교육책임자 결격사유자

⑪ 경비 법인의 임원 및 그 사업활동에 지배적인 영향력을 행사하는 자

4) 일본 경비원의 자격취득절차

경비원 또는 경비원이 되고자 하는 자에 대한 지식과 능력에 대한 심사를 국가공안위원회가 담당[10]한다. 국가공안위원회는 경찰

대방의 생활의 평온 또는 업무수행의 평온을 해치고 있다고 인정하는 경우에는 해당 준폭력적 요구행위를 하는 자에게 해당 준폭력적 요구행위의 중지를 명하거나 해당 준폭력적 요구행위가 중지될 수 있도록 필요한 사항을 명할 수 있다.

공안위원회는 전조(준폭력적 요구행위의 금지)의 규정을 위반한 준폭력적 요구행위가 행하여진 경우로서 해당 준폭력적 요구행위를 한 자가 다시 준폭력적 요구행위와 유사한 준폭력적 요구행위를 할 우려가 있다고 인정할 때에는 그 자에 대하여 1년을 초과하지 아니하는 범위에서 기간을 정하여 준폭력적 요구행위가 행하여지는 것을 방지하기 위하여 준폭력적 요구행위의 중단을 명할 수 있다.

9) 준폭력적 요구행위를 하여서는 안 된다는 취지의 지시.

10) 일본 경비업법 제23조 참조.

청을 관리하고 경찰청의 업무를 보조하는[11] 기관이다. 내각총리대신이 겸임하는 위원장[12]과 위원 5명으로 구성되는 합의제의 위원회로 독립적으로 직권을 행사한다. 국민의 상식을 대표하는 경찰운영을 위해 경찰행정의 민주적 운영과 정치적 중립성을 확보하기 위한 목적으로 경찰법[13]에 근거하여 도입되었다. 주요 임무와 권한은 국가 전체의 안보에 관한 사항[14]과 경찰관의 교육시스템을 통일된 방식으로 수행하며 행정업무를 담당하는 경찰청(NPA)을 관리하는 역할을 수행한다.

경비원에 대한 교육의 1차적 책임은 경비업자에게 있으며 자격증명서를 가지고 있는 경비원 지도・교육 담당관을 임명하여 경비원의 지도 및 교육에 관한 계획을 수립하고 그 계획에 따라 경비원을 지도・교육하는 업무를 수행한다.

정부 행정기관인 공안위원회는 경비원 지도・교육 자격을 부여

---

11) 일본은 우리나라의 자치경찰과 유사한 도도부현(都道府縣)경찰이 범죄 수사나 교통 단속 등의 업무를 담당하고 있으며, 경찰의 업무는 경찰청(공안위원회, 경찰청)이 함께 담당하고 있다. 경찰청장은 국가공안위원회의 통제하에 경찰청의 사무를 수행하며, 현(縣) 경찰을 지휘・감독한다.

12) 국가공안위원회(National Public Safety Commission)는 내각부에 소속된 외부 위원회로서 국민의 안전에 대한 내각의 책임을 명확히 하기 위하여 위원장을 국무장관으로 보하였다.

13) 국가의 공안에 관한 경찰운영을 주관하고, 경찰교양, 경찰통신, 정보기술의 분석, 범죄감식, 범죄통계 및 경찰장비에 관한 사항을 총괄하며 경찰행정에 관한 조정을 함으로써 개인의 권리와 자유를 보호하고 공공의 안전과 질서를 유지하는 것을 임무로 한다(일본 경찰법 제5조 제1항).

14) 대규모 지진이나 사변 등 비상사태가 발생하여 실제로 공공질서에 혼란이 발생한 경우, 총리는 공공질서 유지를 위해 특히 필요하다고 판단되는 경우 긴급사태 선언을 발령할 수 있는데 이는 국가공안위원회의 권고에 따라 이루어진다.

하고 관리·감독할 의무가 있는데 경비원 지도 및 교육책임자 과정을 운영하며 이를 수강하고 수료한 자, 이와 동등하거나 그 이상의 지식과 능력을 가지고 있다고 평가되는 사람에 한하여 자격증명서를 교부한다(제22조).

5) 경비원 자격의 부여 및 관리

공안위원회는 경비요원 또는 경비요원이 되고자 하는 자의 지식과 능력에 대한 자격검정을 실시할 의무가 있고 그 방법은 이론 및 실기시험을 통해 해당하는 유형의 경비업무에 관한 지식과 능력을 판단한다. 이 경우 국가공안위원회에 등록된 자가 실시하는 교육(講習會)을 실시하여 시험에 합격한 자만이 경비업무의 종류별 합격증명서에 따라 경비원 업무를 수행할 수 있다.[15]

경비원의 자격을 취득하기 위해서는 각 도도부현 경찰에 접수하며 지정한 날짜와 시간에 필기시험을 치루며 결과는 시험 직후 발표된다. 합격자에 한하여 실기시험을 치루고 각 실기 과목에 합격하여야 다른 실기시험에 응시할 수 있게 되어 있다. 이 공안위원회에서 시행하는 시험을 직접시험(直檢)이라고 부른다. 다른 방법은 각 도도부현 연합회가 실시하는 특별교육에 참여하여 수료시험에 합격하는 방법이다. 이 과정은 각 지역의 방법산업협회 혹은 특별연수사업센터에서 진행하며 소속된 경비회사를 통해 신청한다.

15) 일본 경비업법 제23조 참조.

6) 경비원 자격증의 종류

시설경비업무시험[16](1급, 2급), 교통유도경비시험[17](2급), 혼잡경비업무시험[18](1급, 2급), 귀중품 운반 경비업무시험[19](1급, 2급)의 각 자격시험을 시행하며 취득한 급수에 따라 교육시간 등의 차등을 두고 있다. 특이한 점은 경비원교육을 실시할 수 있는 자격을 법정하여(국가공안위원회 고시 제8호 내지 21호) 각각의 기초교육과 직무별 교육을 할 수 있는 자격을 취득한 급수와 경력에 따라 차등을 두고 있으며, 그 내용을 구체적으로 상세히 규정하고 있다.

7) 경비원과 교통유도원의 차이점

우리나라는 교통유도경비의 법적인 개념이 아직 구체적으로 정립되지 않았다. 앞서 말한 것처럼 일본 경비업법은 사람 혹은 차량 밀집 장소 혹은 통행에 있어서 위험성이 있는 곳에서 안전을 확보

---

16) 일본 경비업법 제2조 제1항 제1호에 규정된 보안업무(기계보안업무 및 공항유지점검업무는 제외한다) 중 보안업무의 대상이 되는 시설의 파괴 등의 사고를 예방하고 예방하기 위한 업무를 수행하는 데 필요한 지식과 기술을 평가한다.

17) 일본 경비업법 제2조 제1항 제2호에 규정된 경비업무 중 공사장 등 사람이나 차량의 통행에 위험이 있는 장소에서의 부상 등의 사고를 예방하기 위한 업무를 수행하기 위해 필요한 지식과 기술(교통지도에 한함)을 평가한다.

18) 일본 경비업법 제2조 제1항 제2호에 규정된 경비업무 중 혼잡 내지 밀집 장소에서의 부상 등의 사고를 예방하고 예방하기 위한 업무를 수행하는데 필요한 지식 및 기술을 평가한다.

19) 일본 경비업법 제2조 제1항 제3호에 규정된 경비업무 중 운송 중 현금, 귀금속, 유가증권 등 귀중품의 도난 등의 사고를 예방하고 예방하기 위한 업무를 수행하는 데 필요한 지식과 기술을 평가한다.

하는 군중경비업무 및 교통안내업무를 경비의 유형으로 규정하고 있는데 이것은 교통유도 보안과 밀집 보안의 일반적인 범주로서 불특정 다수의 이동을 통제하는 것이 그 특징이다.

교통유도 및 행사(催事)경비, 통행 제한과 같은 업무가 포함되며 세부적으로 교통유도경비업무와 혼잡경비업무로 구분할 수 있다. 이러한 업무를 수행하는 사람을 일반적으로 경비원이라고 부르지만 업무의 특성상 교통유도원의 개념을 구체화할 수 있다.

8) 교통정리

(1) 교통유도와 교통정리의 구별

교통유도와 교통정리는 동일하거나 유사한 개념이 아닌가 생각될 수 있는데 이 둘은 명확하게 구별된다. 교통유도는 일본의 경우 경비업법에 규정된 경비업무의 일종으로 법적으로 권한이 부여된 행정행위가 아니다. 대상 시민에게 강제력을 행사할 수 없으며 운전자와 현장의 보행자의 협조를 통해 이루어지는 경비행위이다. 협조 요청에는 법적인 구속력이 없으므로 그 요청이 무시되는 경우 중대한 사고로 이어질 수 있는 위험성이 있다. 즉, 행정법상의 강제력을 부여할 수 없으나 조리상 혹은 계약상의 의무를 부여할 수는 있을 것이다.

교통의 정리는 신호등이 고장이거나 교통체증 등으로 인해 신호등이 제 기능을 수행하지 못하는 경우, 천재지변으로 인한 정전, 또는 사고나 사건으로 인해 일시적으로 신호등을 지킬 수 없거나 지켜서는 안 되는 장소에서 이루어지며 일본 도로교통법 제6조 '경찰관 등에 의한 교통법규'에 근거하고 있다. 경찰관 또는 교통순찰대원이 실시하는 강제력 행사이다. 즉, 교통정리는 공권력의 행사이자 명령이기 때문에 차량 운전자는 교통통제를 따라야 할 법적 의무를 부담한다.[20]

교통유도경비가 이루어지는 장소는 공사현장의 차량 출입구 근처, 도로 공사현장, 가로수 정비현장 등 잘 알려진 장소이지만 교통정리는 신호등이 고장난 교차로, 교통이 현저히 정체되어 교통이 극도로 정체될 우려가 있는 장소, 화재나 도로 파손 등으로 교통 위험이 발생할 우려가 있는 도로에서 실시되는 점에서 장소적 차이가 있다.

(2) 교통정리의 방법

교통정리는 교차로 한가운데나 시야가 좋은 곳에 서서 신호등 대신 수신호로 차량에 신호를 보내는 것을 말한다.

운전자의 입장에서 경찰관이 앞(또는 뒤)을 향하고 있고 도로와 평행하게 손을 들고 있으면 빨간불을 의미하며, 경찰관 옆에서 같은 수신호를 보고 있는 운전자에게는 초록불이 된다.

경찰관이 앞(또는 뒤)을 향하고 운전자의 관점에서 볼 때 손을 수직으로 들어올릴 때도 빨간불을 의미하고 경찰관 옆에서 같은 수신호를 보고 있는 운전자에게는 노란 신호등이 된다.[21]

---

20) 우리나라의 경우에도 교통정리의 주체는 경찰관 또는 교통경찰관이며 그 주요 내용은 「도로교통법」에 규정되어 있다.

21) https://www.workbook-trafficguide.net/difference/

(3) 교통유도와 교통정리의 충돌문제

교통유도와 교통정리안내가 충돌하는 경우 어떤 것이 우선시되어야 하는지 정리해 볼 필요가 있는데 이에 대하여서는 신호등의 신호가 우선한다. 그 이유는 교통유도경비의 신호는 민간경비원으로서의 신호에 불과하며 이는 법적인 구속력과 강제력이 없기 때문에 법률에 의한 「도로교통법」상의 신호가 우선한다. 일본 경비업법 제15조는 이에 대하여 근거 규정을 마련하고 있는데 '경비업자 및 경비요원은 경비업무 수행에 있어 이 법에 의해 특별히 허가된 것이 아니며, 타인의 권리와 자유를 침해하거나 개인 또는 단체의 정당한 활동을 방해해서는 안 된다는 점을 명심해야 한다.'고 규정하여 기본적으로 개인의 기본권을 우선하는 규정을 두고 있다. 이는 경비원의 권한 남용을 방지하기 위해서 입법되었으며 예를 들어 경비원이 빨간불에 진행하라는 신호를 신뢰하고 통과한 경우 신호 위반 내지는 「도로교통법」상 위반행위가 된다. 경비원의 신호는 위법성을 조각할 수 없으며 신뢰의 원칙 역시 적용되지 않으며 이로 인해 사고가 발생한 경우 불법으로 인한 책임이 발생한다.

(4) 교통유도경비의 직무와 법적인 지위

교통유도경비를 행하는 자는 기본적으로 경비회사에 소속된 경비원의 신분이다. 일본의 경우 업무의 특성이 국민의 안전과 밀접한 관계를 갖고 있기 때문에 안전한 경비활동을 위해 필수적인 특정 교육을 이수한 후 교통유도경비원의 업무를 부여하고 있다. 이와 관련하여 전문적 업무를 수행하기 위해 '교통유도원'의 자격을 취득할 수 있다. 이 자격은 교통유도경비원으로서 일하기 위한 필수자격이 아니지만 자격 취득을 통해 취업에서 우선적 지위를 얻을 수 있다. 교통유도경비 자격은 1급과 2급의 두 가지 종류가 있는데 전자는 고속도로에서 교통유도경비를 행할 수 있는 자격이며 후자는 일반도로에서만 교통유도경비업무를 할 수 있다. 1급을 취득하기 위해서는 1년 이상의 실무 경험이 필요하며 2급 자격을 취득하기 위해서는 국가 공안위원회에 등록된 등록연수기관이 실시하는 강좌를 수강하고 수료시험에 합격하는 방법[22]과 공안위원회가 실시하는 시험[23]을 통해 자격을 얻는 두 가지의 방법이 있다. 이 자격을 취득하기 위하여 현직 경비원일 필요는 없으며 '경비원이 되고자 하는 사람을 위한 강좌' 수강 혹은 '직접 검정'을 통해서도 자격을 얻을 수 있다.

실무적으로 고속도로나 국도 등 중요한 도로에서 교통을 안내할 때는 각 현장에 1명 이상의 자격(교통지도 안전서비스 인증 1급 또는 2급)을 갖춘 사람을 배치할 의무[24]가 있기 때문에 이 자격은 실질적인 메리트를 가진다. 보통 경비회사에서는 상근 업무를 행하는 직업으로 교통유도경비원 자격증 취득자를 선호하는 경향이 있으며 일본 임금구조 기본조사에 따르면 유도경비원의 평균연령은 49.5세로서 다른 업종에 비해 상당히 높은 편인데 교통유도업무의

22) 이 경우의 합격률은 평균 60~80% 정도라고 한다.

23) 강좌를 수강하지 않고 공안위원회의 직접 시험을 치르는 경우의 합격률은 통상 20~40%로 알려져 있는데 이는 실기시험도 난이도가 높고 채점도가 엄격함을 의미한다.

24) 경비원 등의 시험에 관한 규칙, 일본경시청 홈페이지 참조. https://www.keishicho.metro.tokyo.lg.jp/tetsuzuki/keibi/arrange.html

특성상 필요한 체력이 있으면 연령에 상관없이 일할 수 있는 직종이며 지체장애인도 교통유도경비의 업무를 할 수 있는 점에서 노동력 부족현상을 완화할 수 있으며 사회적 약자들에게 취업의 기회를 확대하여 사회적 양극화를 해소할 수 있는 기능을 담당할 수 있다.

9) 일본 교통유도경비의 기본 동작[25)]

도로에서 차량과 사람의 이동을 제어하는 교통유도경비 상황에서 사용하는 보안장비에는 지시 유도봉(가이드 스틱), 흰 장갑, 호루라기(경적)의 세 가지가 있으며 이들을 이용하여 자동차 운전자나 보행자에게 신호를 보낸다. 교통유도경비에는 기본적인 다섯 개의 동작이 있다.

(1) 손깃발을 사용하는 방법

'경비용 각종 물품의 사용방법(警備用各種資機材の使用方法)'에 의하면 산업별 교육 및 경비업무 검정에서 모두 배워야 할 항목으로 깃발 사용법이 있는데 그 내용은 다음과 같다.

교통유도경비는 깃발 등의 도구를 사용하여 정해진 신호를 통해 차량과 보행자가 안전하게 통행할 수 있도록 유도하는 업무이며

25) 警備の手旗（誘導旗）の合図について 경비의 수신호에 대하여 https://mt-keibi.co.jp/blog/%E8%AD%A6%E5%82%99%E3%81%AE%E6%89%8B%E6%97%97%EF%BC%88%E8%AA%98%E5%B0%8E%E6%97%97%EF%BC%89%E3%81%AE%E5%90%88%E5%9B%B3%E3%81%AB%E3%81%A4%E3%81%84%E3%81%A6

사용하는 붉은색과 흰색의 깃발을 손깃발(유도 깃발)이라고 한다. 왼손에는 붉은색 깃발, 오른손에는 흰색 깃발을 들고 있는 것이 기본이며 붉은색 깃발이 '정지'를, 흰색 깃발이 '진행'을 나타낸다.

일반 도로에서 신호를 할 때는 손깃발이나 유도등을 사용하는 방법, 맨손(흰 장갑)으로 신호를 하는 방법 등이 있다. 고속도로에서는 주로 대형 깃발로 신호가 이루어지며, 사용하는 도구의 종류는 현장에 따라 다를 수 있다. 깃발은 낮에 비가 내리지 않을 때, 유도등은 야간 등 시야가 좋지 않을 때 사용하는 경우가 많다.

깃발 신호26)에는 정지(멈춤), 진행(차량 진행), 폭넓힘(幅寄せ), 서행, 후진(뒤로)의 5가지가 있다.

ⓐ 발뒤꿈치를 가볍게 접고 무릎을 펴고(주의 자세).

ⓑ 허리를 곧게 펴고 깃발을 든 양손은 자연스럽게 아래로 향하게 한다. 상체를 허리 위로 바르게 유지한다.

〈주의사항〉 좌우를 볼 때는 머리만 그 방향으로 향한다. 상체는 비틀지 않는다.

---

26) 「交通誘導警備業務の手引」社団法人全國警備業協會, 2008.

① **정지 신호**

안내 대상(차량 또는 보행자)에게 정지를 요청할 때 좌우로 붉은색 깃발을 높이 들어 흔들면서 '정지' 신호를 보내 정지시킬 대상 차량에 직접 몸을 위치시킨다.

ⓐ 몸을 차량 방향과 마주보게 한다.
ⓑ [붉은색 깃발]을 옆 머리를 따라 수직으로 올린다.
ⓒ 팔꿈치나 손목을 구부리지 않고 약간의 각도(약 30cm 폭)로 좌우로 흔든다('정지 예고'라고 한다).
ⓓ [붉은색 깃발]을 어깨 높이까지 수평으로 내린다.
ⓔ 정지를 요구한 차량에는 출발할 때까지 ⓓ의 '정지 신호'를 계속 반복한다.

〈주의사항〉 '정지 예고'를 할 때 등에 깃발이 엉킨 경우에는 반드시 깃발을 내려서 고쳐야 한다. 깃발을 든 채로 휘두르면 상대에게 보내는 신호가 불분명해져 상대방을 혼란스럽게 하므로 절대로 하지 않는다.

② 폭을 넓히라는 신호

ⓐ 몸을 차량 방향으로 약간 반쯤 기울인다.

ⓑ **〈차량에서 볼 때 오른쪽으로 보내는 경우〉**

오른손에 [흰색 깃발]을 들고 수직으로 들어올려 차량을 주시하면서 오른쪽에서 왼쪽(머리 위에서 어깨 높이)을 향해 흔든다.

〈차량에서 볼 때 왼쪽으로 돌릴 경우〉

왼손에 [흰색 깃발]을 들고 수직으로 들어올려 차량을 주시하면서 왼쪽에서 오른쪽(머리 위에서 어깨 높이)을 향해 흔든다.

ⓒ 차량이 진행할 때까지 ⓑ의 동작을 반복한다.

③ **서행 신호**

서행을 요구할 때에는 흰색 깃발을 흔들어 신호를 보낸다.

ⓐ 몸을 차량의 진행 방향과 평행하게 한다.

ⓑ 차량 쪽의 [흰색 깃발]을 손등이 위로 오도록 잡고 어깨 높이와 수평이 되도록 뻗는다.

ⓒ [흰색 깃발]의 손잡이는 그대로 두고 손목의 스냅으로 위아래로 흔든다.

ⓓ 손목의 움직임에 따라 약 5초 간격으로 휘파람을 분다.

④ **진행 신호**

정지된 대상의 계속 진행 신호는 흰색 깃발을 아래쪽으로 내리는 방법이다.

ⓐ 몸을 차량의 진행 방향과 평행하게 한다.

ⓑ [흰색 깃발]을 양 어깨의 연장선 위에 수평으로 차량 방향으로 향하게 한다.

ⓒ 진행 방향의 안전을 확인한다.

ⓓ [흰색 깃발]을 수평 위치에서 반대 방향의 아래쪽(45도) 위치까지 팔꿈치나 손목을 구부리지 않고 크게 흔든다.

ⓔ 아래쪽(45도)에서 다시 수평으로 되돌리고 차량이 지나갈 때까지 같은 동작을 천천히 반복한다.

ⓕ 차량이 내 앞을 지나갈 때까지 계속 주시한 후 기본 자세로 돌아간다.

〈주의사항〉 깃발을 흔드는 폭은 상대방에게 전달될 수 있도록 최대한 크게, 알기 쉬운 속도로 흔든다.

⑤ **후진 신호**

ⓐ 몸을 차량의 진행 방향과 평행하게 한다.

ⓑ 진행하려는 쪽의 손에는 [붉은색 깃발], 차량 쪽의 손에는 [흰색 깃발]을 잡는다.

ⓒ [붉은색 깃발]을 자신의 전방으로 곧게 펴서 뒤따라오는 차량 등에 '정지(또는 주의) 신호'를 계속한다.

ⓓ 진행 방향의 안전을 확인한다.

ⓔ [흰색 깃발]을 '진행 신호'의 요령으로 좌우로 크게(수평 ⇔ 하향 45도) 흔들면서 차량과 거리를 유지하며 목적지까지 유도한다.

〈주의사항〉 원칙적으로 차량 측면에서 2m 이상, 차량 후방에서 5~10m 떨어진 위치(백미러 등으로부터 운전자)

(2) 유도봉을 사용하는 방법

차량을 유도하기 이전에 자전거와 보행자가 없는지에 특별한 주의를 기울인다.

① 정지 신호

자동차를 정지시킬 때에는 유도봉을 오른손에 잡고 지면과 수평이 되도록 한다. 이 경우, 급발진에 주의하며 차와의 거리를 유지하고, 차의 진행 방향을 차단하는 경우 운전자가 잘 발견할 수 있는 위치에 서 있는다.

자동차에 정지 신호를 보내는 경우 유도봉을 가로로 잡고 머리위로 높이 내려 좌우로 크게 흔들어 준다. 이것은 운전자가 교통유도경비원의 존재를 인식하고 그 앞에서 정지가 필요하다는 것을 인지할 수 있도록 하기 위해서이다. 손목이나 팔꿈치를 구부리지 않고 큰 동작으로 유도봉을 흔들면 운전자가 인식하기 쉬울 뿐만 아니라 경비원 자신도 사고의 위험성을 줄일 수 있다.

② **진행 신호**

진행을 유도할 때는 주위의 안전을 확인한 후, 차의 측면을 바라보며 팔을 차의 진행 방향으로 수평으로 들어 올린다. 그리고 반대편 유도봉을 든 손을 아래에서 진행 방향으로 흔든다.

진행을 유도하는 올바른 신호는 '아래에서 흔드는' 방법이지만, 유도봉을 위에서 흔드는 경비원도 있고, 유도봉을 돌리는 경비원도 있으니 '차량 진행 방향으로 손을 뻗어 흔드는 것이 진행 신호'라는 것을 이해할 필요가 있다.

진행을 촉구할 때는 진행 방향과 평행이 되도록 서서 유도봉을 한쪽 손에 들고 차를 부르는 것처럼 하단으로부터 흔들어 준다. 반대쪽 손은 차의 진행 방향을 향해 뻗는다.

③ 서행 신호

자동차의 느린 진행을 요청할 경우에는 자동차의 주행 방향과 평행을 이루도록 서서 유도봉을 옆으로 잡고 손을 뻗은 상태에서 천천히 위아래로 흔든다. 이때 급발진 등에 특히 주의할 것을 요한다.

3. 교통유도경비업무에 있어서 주의해야 할 점[27]

교통유도업무를 행하는 경우 도로의 특성을 파악해야 하고 주변 환경에 대한 우선적인 이해가 필요하다. 자동차 중심의 도로와 학교 근처로 보행자가 많은 도로는 경비의 방식이 달라질 수밖에 없다. 예를 들어 학교 근처라면 추가적인 경비원을 배치하여 보행자 유도를 해야 하는 인원수의 조정이 필요할 수 있으며 통행 제한의 가능 여부도 사전에 파악을 해야 한다. 경비업자는 사전에 현지 시찰을 통해 인근의 교통량 등을 미리 확인할 필요가 있다. 실무에 있어서 교통유도경비원이 인식해야 할 점은 다음과 같다.

1) 차량보다 보행자 우선

교차로에서는 일반적으로 차량보다 보행자가 우선하며 경비업무자는 최대한 교통혼잡을 야기하지 않도록 차량을 의식적으로 안내해야 한다. 이 경우 건설 차량의 진행이 우선권이 있는 것은 아니다.

2) 유도 시 차량의 사각지대에 들어가지 않도록 주의

교통유도업무는 항상 차량에 근접해 있기 때문에 경비업무자가 사고를 당할 위험이 있다. 이를 예방하기 위해 안내하는 차량의 사각지대에 진입하거나 진행하는 차량의 앞에 정지시키는 행동을 피해야 한다.

27) https://www.spd-security.com/blog/2888

3) 집중력 유지

교통유도경비는 본질적으로 위험한 업무에 해당한다. 교통유도경비자가 긴장을 늦추는 경우 이는 직접적인 사고로 이어질 위험성이 있으므로 상시적인 집중력의 유지가 필요하다. 교통유도경비자의 정신적 건강 또한 안전을 확보하는 데 중요한 요소이며 차량을 유도하는 경우 운전자가 쉽게 신호를 인지할 수 있도록 정지, 진행, 감속 등의 동작을 정확하게 수행할 필요가 있다.

4) 공동불법행위

교통유도경비자의 명백히 잘못된 지시로 인해 운전자가 충돌 또는 기타 사고를 일으킨 경우 경비자와 운전자는 공동불법행위 책임을 질 수 있다. 이 경우 과실의 비율에 따라 민사 책임을 부담하게 되며 「도로교통법」에 의한 법적인 책임 역시 발생할 수 있다.

제 9 장

혼잡경비

1. 혼잡경비의 정의

헌법 제21조는 집회 및 결사의 자유를 보장하고 있고 특정 또는 불특정 다수인이 특정한 목적에 따라 도로, 광장, 공원 등 자유로이 통행할 수 있는 장소를 행진하거나 위력 또는 기세를 보여 다른 사람의 의견에 영향을 주는 행위를 보장하고 있다. 헌법 제10조에서 보장하는 행복추구권에는 기본권의 주체인 개인이 적극적 행동을 결단할 수 있는 일반적 행동자유권이 포함되어 있다고 해석된다. 이는 구체적으로 인격과 개성의 자유로운 발현을 목적으로 취미활동, 여가활동, 문화활동 등을 자유롭게 영위할 수 있는 자유를 의미한다. 도시에서는 일상적으로 많은 이들의 조직적이거나 혹은 비조직적인 운집이 나타나고 특정 장소에 예견하기 어려운 다중 밀집상황이 발생하기도 한다. 각종 집회, 스포츠경기, 공연, 이벤트 행사는 본질적으로 안전사고의 위험을 내포하고 있다.

특히 질서유지인이 없는 자발적 군집상황은 다중의 생명과 신체의 안전에 큰 위해가 될 수 있다. 이러한 상황에서 혼잡에 기인한 사고는 이에 대한 경비업무를 통해 상당 부분 위험요소를 제거할 수 있는데 이러한 역할을 담당하는 경비 영역을 혼잡경비라 부른다.

2. 혼잡경비의 필요성

특정 혹은 불특정 다수가 운집하는 지역축제, 이벤트 행사, 스포츠경기, 각종 공연이 개최되고 있는 장소에서 인원의 자유로운 이동을 유도하고, 위험한 환경으로부터 접근을 차단할 필요성이 있다. 특히 화재와 같은 긴급상황에서 대피로를 확보하고 과밀 상태를 해소할 수 있는 대응이 필요하다. 대피로를 인지할 수 있는 안내판의 설치, 비상 탈출구의 확보 및 안내도 혼잡경비업무의 중요한 역할이다. 혼잡경비는 '특정 장소에 밀집한 비조직적인 군중이 야기할 수 있는 위험에 대비하여 신속하고 체계적인 안전 추구 활동을 통해 인명사고를 미연에 방지하는 경비활동'이라고 정의할 수 있다.

3. 혼잡경비의 법원(法源)

「재난 및 안전관리 기본법」(약칭: 재난안전법) 제4조는 "국가나 지방자치단체는 재난이나 그 밖의 각종 사고로부터 국민의 생명·신체 및 재산을 보호할 책무를 지고 재난이나 그 밖의 각종 사고를 예방하고 피해를 줄이기 위해 노력해야 하며 발생한 피해를 신속히 대응·복구하기 위한 계획을 수립·시행해야 한다"고 재난에 대한 국가의 기본권 보호의무를 규정하고 있다(염건웅, 2023: 273-292). 2023년 동법은 개정을 통해 다중운집으로 인한 인파사고를 사회재난으로 규정하였고 지역축제 개최 시의 안전관리조치를 강화하면서 '개최자가 없거나 불분명한 지역축제'의 경우에도 참여 예상 인원의 규모와 장소 등을 고려하여 관할 지방자치단체의 장에게 지역축제의 안전관리계획을 수립하고 그 밖에 안전관리에 필요한 조치를 하게 하였다. 이 경우 관할 경찰관서, 소방관서 및 그 밖에 관계기관의 장에게 협조 또는 해당 기관의 소관 사항에 대한 역할 분담[1]을 요청할 수 있도록 하였다.

「경찰관 직무집행법」은 사회공공질서 유지의 1차적인 책임을 경찰관에게 부여하고 국민의 생명·신체 및 재산의 보호, 공공안녕에 대한 위험의 예방과 대응을 위한 정보의 수집·작성 및 배포, 교통 위해(危害)의 방지를 직무로 하고 있다. 그리고 사람의 생명 또는 신체에 위해를 끼치거나 재산에 중대한 손해를 끼칠 우려가 있는 천재(天災), 사변(事變), 인공구조물의 파손이나 붕괴, 교통사

1) 재난안전법 제66조의11 제5항 참조.

고, 극도의 혼잡과 같은 위험한 사태가 발생한 경우 적절한 조치를 취할 의무[2]가 있다. 그러나 혼잡상황에서의 경찰작용의 내용과 한계가 구체적이지 않아 책임 있는 위험방지 역할을 기대하기에는 입법적 불비가 있으므로 시행령의 제정을 통하여 혼잡상황에서 위험방지 의무의 내용을 구체적으로 명시할 필요성이 있다.

4. 혼잡경비의 실정법적 근거

우리나라는 「경비업법」에 혼잡경비를 도입하면서 다중운집행사의 안전을 담당하는 민간경비의 역할에 대한 법적 근거를 마련하게 되었다. 다중운집행사의 대부분은 민간이 경제적 이윤을 창출하기 위해 추진되는 경우가 많고 안전에 대한 1차적 책임은 행사주체자 개인이나 단체에게 있다. 기타 법령에서 국민의 안전 확보를 위한 조치 및 구체적인 내용을 적시하고 있으나 편익을 제공받는 행사 주체가 안전에 대한 책임과 비용을 부담하는 것이 적절하다. 물론 행사 주체자가 안전조치에 대한 주의를 게을리할 경우 그에 대한 법적 책임을 묻게 하는 것이 필요하며 위험상황에서 공권력을 투입할 수 있는 기준과 절차도 마련되어야 한다. 무엇보다 행사주체자가 명확하지 않은 행사의 경우에는 국가 행정권이 우선적으로 개입해야 할 것이다.

이태원 참사사고에서 지적된 경찰의 보고체계와 관련해서는 인

2) 「경찰관 직무집행법」 제5조(위험 발생의 방지 등), 제7조(위험 방지를 위한 출입), 제8조(사실의 확인 등), 제8조의2(정보의 수집) 등 참조.

파관리 및 치안상황에 대해서 자동전파체계를 구축하고 긴급상황에서 보고체계를 개선해야 한다. 특히 상위자 부재 시 차상위자에게 보고하고, 유선보고가 불가능할 경우에는 무선보고(문자 등) 후 수신을 했는지에 대하여도 파악해야 한다. 마찬가지로 문제가 되었던 정보보고와 관련해서는 위험성 판단에 대한 신속하고 정확한 정보보고와 더불어서 위험상황 보고 시 즉시 현장에서 판단하여 대응할 수 있는 시스템을 구축하고 현장지휘권을 부여해야 한다(염건웅, 2023).

5. 혼잡경비의 범위와 기준

1) 일본의 혼잡경비제도

일본은 2001년 7월 21일 발생한 효고현 아카시 불꽃축제 압사사고의 경험을 통해 경비업법이 개정되고 혼잡경비업무의 검정제도가 도입되었다. 이 사건은 '여름축제 불꽃놀이 대회' 중 주말에 인파의 동선이 충돌하면서 군중 붕괴가 일어난 것으로 11명이 압사하고 183명이 상해를 입은 사고였다. 군중의 이동경로에 대한 안전대책의 부재로 인하여 발생하였고 경비회사와 경찰은 각자의 책임을 방기하였다. 관할 경찰서 경비본부 지휘관, 니시칸 사장, 아카시 시청 직원 3명은 업무상과실치사죄의 공동정범으로 처벌받았다.[3] 이 사건을 계기로 2003년에는 효고현경찰서에서는 혼잡경비

3) 위 사건 일본최고재판소 판결문
https://www.courts.go.jp/app/files/hanrei_jp/265/080265_hanrei.pdf

매뉴얼(雜踏警備の手引き)[4]을 발간했고 2005년에는 경비업법과 국가공안위원회규칙이 대대적으로 개정되면서 경비업무 책임이 강화되었다.

2) 일본 경비업법상 혼잡경비의 정의

일본 경비업법 제2조 제2호는 혼잡경비를 사람이나 차량이 붐비는 장소 또는 그러한 사람의 통행에 위험이 있는 장소에서 부상 등의 사고가 발생하지 않도록 보호하고 방지하기 위한 업무라고 정의하고 경비업의 한 유형으로 규정하고 있다. 일본의 경찰은 개인의 생명, 신체, 재산을 보호할 책임이 있으며 교통통제, 공공의 안전과 질서유지에 대한 책임[5]이 있음은 우리나라와 동일하다.

혼잡경비의 자격은 경비업법상 6종류[6]의 자격증 중 하나로서 1급과 2급으로 구성된다.

2급 자격의 공식 명칭은 혼잡경비업무검정 2급(雜踏警備業務檢定2級)이며 불특정 다수가 모이는 장소에서 발생하는 사고나 혼란을 방지하기 위한 경비를 수행함에 있어 인원의 정리와 유도, 수상한 물건의 확인, 비상시 대응 등의 업무에 필요한 기술을 습득하는 것을 목적으로 한다.

---

4) 雜踏警備の手引き - 兵庫縣警察官ウェブサイト
https://www.police.pref.hyogo.lg.jp/zattou/index.htm

5) 警察法(昭和二十九年法律第百六十二号) 第二條.

6) 「경비업법」에 규정된 국가자격은 총 6종류가 있으며, 혼잡경비업무 검정과 함께 시설경비업무검정, 교통유도경비업무검정, 핵연료 물질 및 기타 유해물질 운반 경비업무검정, 공항보안경비업무검정, 귀중품 운반 경비업무검정이 있다.

3) 일본 혼잡경비의 운영 방법

일본의 혼잡경비는 다음과 같은 방법으로 실행한다.

(1) 입장규제

입장객 수가 많고 행사장의 수용 인원을 초과할 우려가 있는 경우, 혼잡 방지를 위해 입구를 폐쇄한다. 단, 입구 근처에 남아 있는 인원을 대상으로 안내 방법(우회, 정렬, 후퇴 등)을 사전에 정해 두어야 한다. 또한 혼잡상황에 따라 입구 폐쇄 조치가 가능하다.

(2) 출입통제

막다른 골목, 급경사로, 절벽으로 이어지는 길과 같이 군중사고의 위험이 있는 지역은 미리 파악하여 사전에 봉쇄해야 한다. 적절한 봉쇄가 이루어지지 않으면 급박한 위기상황에서 대피가 곤란하게 되어 군중이 고립되거나 밀려드는 군중으로 인한 압사사고의 위험이 있을 수 있다.

(3) 정체 상태의 방지

사람들이 갇히지 않도록 하기 위해 계속적으로 앞으로 진행하도록 유도한다. 정지하려는 사람에게 진행을 요구하는 것은 용이하지 않으므로 정지로 이어질 가능성이 있는 시설(자동판매기나 눈에 띄는 간판 등)은 사전에 폐쇄할 대책을 마련하고 군중들이 계속 진행하도록 유도(표시, 안내)하는 것이 중요하다.

(4) 진행 방향 제한

입구와 출구, 통로를 일방통행으로 만들어 흐름의 충돌로 인한 정체를 방지한다. 스포츠, 콘서트, 불꽃놀이 등 대규모 행사를 비롯해 많은 사람이 모이는 다양한 행사에서의 경비는 행사에 따라서는 혼잡경비 2급 자격증을 취득한 사람만을 경비원으로 배치할 수 있도록 규정되어 있는 경우도 있다.

4) 일본의 혼잡경비 자격증

혼잡경비 1급 검정은 경비업무 영역에 있어서 현장책임자나 관리직 등의 역할을 수행하는 것을 목적으로 하며 2급보다 더 난이도가 높은 전문적 기술을 요한다. 또한, 1급 자격증을 취득하기 위해서는 2급 자격증을 취득한 자로서 경비 실무 경력이 1년 이상이어야 한다.

5) 혼잡경비 자격시험의 방식

시험은 필기와 실기로 구별되며 2급의 경우 법령에 대한 이해, 혼잡상황의 정리에 관한 기본적인 사항, 밀집 지역의 부상자에 대한 응급 처치 능력 등을 평가한다. 합격 점수는 90점 이상이며, 이 시험에 합격한 자만이 실기시험에 응시할 수 있다. 혼잡경비 2급의 실기시험에서는 사고 발생 시 관계기관에의 연락, 호신술, 부상자 구호 및 응급조치에 대한 능력을 평가한다.

다른 자격 취득의 방법은 앞에서 말한 검정시험 이외에 등록된 교육기관의 교육을 통해서도 가능하다. 즉, 도도부현 경비협회나 경비원 특별강습 사업센터에서 개최되는 특별수업을 2일 동안 수강한 후, 수료시험에 합격하면 2급의 자격 취득이 가능하다. 이 방법이 상대적으로 쉬운 자격취득절차라고 할 수 있지만 이 강좌는 이미 경비회사에 소속된 사람만 신청할 수 있는 경우도 있고, 강습비(수강료)와 같은 추가적인 비용이 발생하게 된다.

다른 방식은 공안위원회가 실시하는 직접 시험을 통한 방법이며 혼잡경비 2급 검정 자격을 취득하고자 하는 경우에는 개인이나 회사에서도 신청이 가능하다. 1차 접수는 공안위원회에 접수를 하여 시행되며, 2차 접수는 지정된 경찰서에서 필요한 서류를 제출하고 수수료를 납부하면서 수험표를 받으면 신청이 완료된다. 다만 시험의 합격률은 다소 낮은 편이다.

6) 평가

우리나라는 경비원 자격에 대한 별도의 절차와 규정을 마련하고 있지 않고 경비지도사 및 경비원의 결격사유를 「경비업법」 제10조[7]에서 차등을 두지 않고 일괄적으로 규정하고 있다. 그리고 일정한 경비원 신임교육[8]을 받으면 경비원의 업무를 할 수 있도록

---

7) 「경비업법」 제10조는 경비지도사 및 경비원의 결격사유로 18세 미만인 사람 또는 피성년후견인, 파산자, 금고 이상의 실형의 선고를 받고 그 집행이 종료 면제 후 5년 이내인 자, 금고 이상의 형의 집행유예선고를 받고 그 유예기간 중에 있는 자, 특정 범죄로 인하여 벌금형을 선고받은 날부터 10년이 지나지 아니한 자 등을 규정하고 있다.

8) 일반경비원의 신임교육은 이론교육 4시간, 실무교육 19시간, 입교 · 퇴교 · 수료식 1시간을 포함한 총 24시간의 교육을 이수해야 한다. 특수경비원의

하고 있다. 우리나라의 경비원 신임교육의 내용은 시행령에 위임되어 있으며, 교육의 면제사유도 복잡하고 자의적으로 규정[9]되어 있어 법적 안정성을 결여하고 있다.

일본의 경우에는 일본 경비업법에 따라 경비업의 종류에 따라 검정시험이 존재하고 이 자격을 취득해야만 경비원의 자격을 얻을 수 있고 경비원의 자격제도를 통해 자질을 검증하고 있다고 할 수 있다. 해당 업무별 교육의 이수를 요구하는 일본의 경비원제도는 우리나라의 경비원과 비교할 때 상대적으로 전문성을 담보하게 될 가능성이 높고 직업적 안정성을 확보할 수 있는 장점이 있다. 경비원이 사회적으로 신뢰를 받고 자긍심을 통해 고급 업무를 수행하기 위해서도 자격제도의 도입과 교육의 전문화는 필수적이다. 물론 이러한 자격검정제도가 도입된다면 중요한 절차적 기본사항에 관해 경비업법에 직접 규정하여 법적 안정성 및 신뢰가 부여될 수 있도록 하여야 한다. 이러한 관리 책임을 공적인 기관인 경찰청이 수행하도록 하는 것도 하나의 대안이 될 수 있을 것이다.

경비업은 경찰력을 보충하고 국민의 생명과 안전 그리고 재산을 지키는 공적인 기능을 수행하고 있으므로, 경비업무의 전념성을 확보하고 자긍심을 높임으로써 시설경비업무가 안정적이고 전문적

신임교육은 이론교육 15시간, 실무교육 69시간, 입교·퇴교·수료식 4시간을 포함한 총 88시간의 교육을 이수해야 한다. 교육 이수증은 시·도경찰청장 또는 경찰서장이 발급하고 있다.

9) 「경비업법」 시행령 제18조는 일반경비원에 대한 교육기관을 경비협회, 경찰교육기관, 경비학과가 개설된 대학 중 경찰청장이 지정하여 고시하는 기관 등으로 정하고 있고 3년 이내에 경비업무에 종사한 경력이 있는 사람, 전직 경찰공무원, 전직 경호공무원 또는 별정직공무원, 전직 군인부사관 등에게 교육을 면제하고 있다.

으로 이루어지게 할 이유는 충분하다고 볼 수 있다. 이런 일련의 절차를 마련하는 것이 국민의 생명과 신체의 안전이라는 기본권을 수호하고 범죄로부터 사유재산에 대한 보호를 확충하기 위한 필요 최소한의 조건[10]이라는 헌법재판소의 의견은 충분히 경청할 가치가 있다(최경철, 2023: 479-498).

경비원 자격검정제도가 도입될 경우 경비원은 전문적 자격증의 지위를 갖게 되고 이는 국민들에게는 신뢰를, 경비원에게는 직업적 자부심을 심어줄 수 있다. 이와 함께 고용의 투명성과 직업적 안정성이 높아진다면 사회적 평판이 좋아지면서 안정적인 직업군으로서의 경비업이 정착을 도모할 수 있다. 결과적으로 사회안전망을 견고하게 하는 동시에 고용창출의 효과를 거두게 되어 국가경제에 기여할 수 있게 된다.

교통유도경비제도와 혼잡경비제도의 입법화가 된 시점에서 경비업의 전문화의 계기가 이루어진다면 보안 산업의 발전을 통해 보다 안전한 나라를 만드는 데 기여하게 될 것이다.

7) 맺음말

현재 우리나라의 경우 각종 공사현장과 행사장에는 대부분 교통안전에 대한 이해가 부족한 비전문가들이 이러한 역할을 담당하고 있으며 수신호 권한은 「도로교통법」에 의해 일부 공무원들에게 부여되어 있는 형편이다. 우리는 심각한 위험원이 상시적으로 존재하는 다중 밀집상황, 건설현장에서 안전을 확보하기 위한 적절한

10) 헌법재판소 2023. 3. 23. 선고 2020헌가19. 4인의 반대의견 참조.

조치를 취하지 못하였을 경우 큰 인명피해가 발생한다는 것을 경험적으로 잘 알고 있다. 국가는 국민의 생명·건강·자유 및 재산권을 보호할 의무를 부담하며 안전에 대한 국가의 의무 이행은 국가 존립의 정당성이자 헌법이 예정한 국가의 기본권 보호 의무 실현의 영역이면서 국가공동체의 존속을 위한 헌법국가의 궁극적 목표이기도 하다.

2024년 교통유도경비제도가 도입되었으나 이 제도를 정착시키기 위한 구체적인 사항은 아직 이루어지고 있지 않다. 교통유도경비업무는 일반적인 민간경비와 달리 도로교통에 대한 이해와 차량에 의해 일어나는 인명사고를 방지하기 위한 체계적인 교육이 필요하다. 이 업무는 일정한 자격을 갖춘 시설 및 사업자에게만 인정되어야 할 것이며, 고의 과실로 인해 발생할 수 있는 손해배상책임을 보장하기 위한 규정이 도입될 필요성이 있다.

교통유도업무자의 자격에 대하여서는 국가에 의한 일정한 이론 및 실기교육을 이수하도록 하고, 공신력 확보를 위해 자격시험을 통해 그 능력을 검증하고, 철저한 현장 실무교육이 이루어져야 한다. 넓은 관점에서 보면 교통유도경비제도의 안정적인 정착은 새로운 일자리의 창출로 이어질 수 있고 다양한 위험으로 인해 소요되는 사회적 비용을 절감할 수 있을 것이며 나아가 국민 안전의 확보라는 국가의 본질적 목적 달성에 이바지하게 될 것이다.

참고문헌

김원기, 한국민간경호산업의 발전방안에 관한 연구, 『한국 스포츠 리서치』, 17(3), 2006, pp.695-704.

김은정, 집단민원현장에서 민간경비 업무의 사례분석을 통한 정책적 개선방안, 『한국치안행정논집』, 19(3), 2022, pp.39-56.

김태민, 민간경비산업의 실효적 법개정 사안, 『한국치안행정논집』, 10(1), 2013, pp.123-144.

김태민, 일반경비지도사와 일본 경비지도교육책임자 비교를 통한 정책적 시사점, 『한국치안행정논집』, 9(3), 2012, pp.111-134.

김태민, 한국 경비지도사제도의 법규정 변천과정과 함의, 『한국민간경비학회보』, 21(3), 2022, pp.27-54.

김태환, 교통유도경비 도입방안에 관한 연구: 일본사례를 중심으로, 『한국경호경비학회 제21회 국제학술세미나 자료집』, 2008.11, p.35.

김태환, 우리나라 교통유도경비 도입방안의 연구, 『시큐리티 연구』, 23, 2010, pp.21-39.

박동균 · 김태민, 「경비업법」 개정의 주요 쟁점과 개정방안, 『한국경찰연구』, 9(1), 2010, pp.3-26.

박민성, 민간경비업체의 합리적 사회기여를 위한 현행 「경비업법」의 실효성 논거, 『한국지방자치연구』, 16(3), 2014, pp.45-70.

서상열 · 박준석, 한국 민간경비 인적자원 확보관리의 실태 및 개선방안, 『시큐리티 연구』, 16, 2008, pp.81-99.

서진석, 사회안전을 위한 민간경비산업의 전망과 전문 인력 수급방안, 『한국공공관리학보』, 20(2), 2006, pp.69-94.

안황권, 한국 「경비업법」의 문제점과 개정방안에 관한 연구, 『한국공안행정학회보』, 17(2), 2008, pp.99-124.

안황권 · 이상훈 · 이충열 · 최경철 · 최응렬, 『민간경비론』, 2023, p.439, 도서출판 대영문화사.

염건웅, 이태원 참사로 본 인파사고 안전관리 개선방안, 『법이론실무연구』, 11(4), 2023, pp.273-292.

이동권, 특별경찰집행기관의 무기사용규정과 관련된 법적 쟁점, 『치안정책연구』, 24(2), 2010, pp.165-200.

이민형, 「경비업법」 개정방향 논의, 『한국민간경비학회보』, 14(3), 2015, pp.71-90.

이민형 · 강경수 · 김진환, 현행 「경비업법」의 개정방안에 대한 논의, 『한국치안행정논집』, 5(1), 2008, pp.129-144.

이상원 · 박주현, 특수경비제도의 발전방안에 관한 연구, 『시큐리티 연구』, 13, 2007, pp.305-326.

이성기 · 김학경, 영국의 민간경비 의무적 자격증 및 인증계약자 제도에 관한 연구, 『시큐리티 연구』, 30, 2012, pp.85-115.

이세환, 민간경비 발전을 위한 「경비업법」 개정에 관한 연구, 『한국민간경비학회보』, 11(3), 2012, pp.165-194.

이세환, 민간경비의 특성에 관한 연구, 『한국경찰학회보』, 14(2), 2012, pp. 185-212.

이영균 · 조임곤 · 임동진 · 이동영 · 박종선 · 윤태섭, 『행정학 개론(제2판)』, 2023, 박영사.

이재상, 산업발전을 위한 정보통신기술의 융합 활성화를 위한 제도적 개선방안, 『토지공법연구』, 71, 2015, pp.445-471.

이종영, 다중이용업소의 안전관리를 위한 제도적 방안, 『법과정책연구』, 한국법정책학회, 제6집 제1호, 2006, p.33.

이종영, 전기용품의 안전관리제도, 『공법학연구』, 제11권 제3호, 2010.8, p. 311.

정극원, 위험사회에 대한 대응과 재난및안전관리기본법의 내용, 『유럽헌법연구』, 제9호, 2011.6, p.336.

최경철, 공동주택 경비원의 감시적 근로자 승인여부에 관한 연구, 『시큐리티 연구』, 76, 2023, pp.479-498.

최경철, 교통유도경비제도 도입에 따른 법체계 논의, 『시큐리티 연구』, 74, 2023, pp.249-268.

최은하 · 유영재 · 이상빈, 특수경비원 교육훈련의 개선방안에 관한 연구, 『시큐리티 연구』, 16, 2008, pp.357-371.

Button, M.(2023). Private security and the policing of quasi-public space, *International Journal of the Sociology of Law* Volume 31, Issue 3, September 2003, p.230.

Peel, J. D.(1971). *The story of private security*. Springfield, IL: Charles C Thomas.

Public Regulation of Private Security: A Statutory Analysis of State Regulation of Security Guards Michael S. Klein and Craig Hemmens craig.hemmens@wsu.eduView all authors and affiliations

U.S. BUREAU OF LABOR STATISTICS 홈페이지

https://www.bls.gov/oes/current/oes339032.htm

https://journals.sagepub.com/doi/10.1177/0887403416649999

https://www.bls.gov/oes/current/oes339032.htm

https://workzonesafety.org/

https://www.spd-security.com/blog/2536

https://www.workbook-trafficguide.net/difference/

https://www.keishicho.metro.tokyo.lg.jp/tetsuzuki/keibi/arrange.html

찾아보기

ㄱ

ㅅ

ㅇ

부록

경비업법

[시행 2023. 5. 16.] [법률 제19021호, 2022. 11. 15., 일부개정]

경찰청(범죄예방정책과-경비지도사) 02-3150-0950
경찰청(범죄예방정책과-경비업체) 02-3150-1331
경찰청(범죄예방정책과-경비원 배치 및 폐지, 신임교육) 02-3150-1333

제1장 총칙

제1조(목적) 이 법은 경비업의 육성 및 발전과 그 체계적 관리에 관하여 필요한 사항을 정함으로써 경비업의 건전한 운영에 이바지함을 목적으로 한다.

제2조(정의) 이 법에서 사용하는 용어의 정의는 다음과 같다. 〈개정 2005. 5. 31., 2013. 6. 7.〉

1. "경비업"이라 함은 다음 각목의 1에 해당하는 업무(이하 "경비업무"라 한다)의 전부 또는 일부를 도급받아 행하는 영업을 말한다.
   가. 시설경비업무: 경비를 필요로 하는 시설 및 장소(이하 "경비대상시설"이라 한다)에서의 도난·화재 그 밖의 혼잡 등으로 인한 위험발생을 방지하는 업무
   나. 호송경비업무: 운반중에 있는 현금·유가증권·귀금속·상품 그 밖의 물건에 대하여 도난·화재 등 위험발생을 방지하는 업무
   다. 신변보호업무: 사람의 생명이나 신체에 대한 위해의 발생을 방지하고 그 신변을 보호하는 업무
   라. 기계경비업무: 경비대상시설에 설치한 기기에 의하여 감지·송신된 정보를 그 경비대상시설외의 장소에 설치한 관제시설의 기기로 수신하여 도난·화재 등 위험발생을 방지하는 업무
   마. 특수경비업무: 공항(항공기를 포함한다) 등 대통령령이 정하는 국가중요시설(이하 "국가중요시설"이라 한다)의 경비 및 도난·화재 그 밖의 위험발생을 방지하는 업무
2. "경비지도사"라 함은 경비원을 지도·감독 및 교육하는 자를 말하며 일반경비지도사와 기계경비지도사로 구분한다.
3. "경비원"이라 함은 제4조제1항의 규정에 의하여 경비업의 허가를 받은

법인(이하 "경비업자"라 한다)이 채용한 고용인으로서 다음 각목의 1에 해당하는 자를 말한다.

가. 일반경비원: 제1호 가목 내지 라목의 경비업무를 수행하는 자

나. 특수경비원: 제1호 마목의 경비업무를 수행하는 자

4. "무기"라 함은 인명 또는 신체에 위해를 가할 수 있도록 제작된 권총·소총 등을 말한다.

5. "집단민원현장"이란 다음 각 목의 장소를 말한다.

가. 「노동조합 및 노동관계조정법」에 따라 노동관계 당사자가 노동쟁의 조정신청을 한 사업장 또는 쟁의행위가 발생한 사업장

나. 「도시 및 주거환경정비법」에 따른 정비사업과 관련하여 이해대립이 있어 다툼이 있는 장소

다. 특정 시설물의 설치와 관련하여 민원이 있는 장소

라. 주주총회와 관련하여 이해대립이 있어 다툼이 있는 장소

마. 건물·토지 등 부동산 및 동산에 대한 소유권·운영권·관리권·점유권 등 법적 권리에 대한 이해대립이 있어 다툼이 있는 장소

바. 100명 이상의 사람이 모이는 국제·문화·예술·체육 행사장

사. 「행정대집행법」에 따라 대집행을 하는 장소

제2조(정의) 이 법에서 사용하는 용어의 정의는 다음과 같다. 〈개정 2005. 5. 31., 2013. 6. 7., 2024. 1. 30.〉

1. "경비업"이라 함은 다음 각목의 1에 해당하는 업무(이하 "경비업무"라 한다)의 전부 또는 일부를 도급받아 행하는 영업을 말한다.

가. 시설경비업무: 경비를 필요로 하는 시설 및 장소(이하 "경비대상시설"이라 한다)에서의 도난·화재 그 밖의 혼잡 등으로 인한 위험발생을 방지하는 업무

나. 호송경비업무: 운반중에 있는 현금·유가증권·귀금속·상품 그 밖의 물건에 대하여 도난·화재 등 위험발생을 방지하는 업무

다. 신변보호업무: 사람의 생명이나 신체에 대한 위해의 발생을 방지하고 그 신변을 보호하는 업무

라. 기계경비업무: 경비대상시설에 설치한 기기에 의하여 감지·송신된 정보를 그 경비대상시설외의 장소에 설치한 관제시설의 기기로 수신하여 도난·화재 등 위험발생을 방지하는 업무

마. 특수경비업무: 공항(항공기를 포함한다) 등 대통령령이 정하는 국가중요시설(이하 "국가중요시설"이라 한다)의 경비 및 도난·화재

그 밖의 위험발생을 방지하는 업무

바. 혼잡·교통유도경비업무: 도로에 접속한 공사현장 및 사람과 차량의 통행에 위험이 있는 장소 또는 도로를 점유하는 행사장 등에서 교통사고나 그 밖의 혼잡 등으로 인한 위험발생을 방지하는 업무

2. "경비지도사"라 함은 경비원을 지도·감독 및 교육하는 자를 말하며 일반경비지도사와 기계경비지도사로 구분한다.

3. "경비원"이라 함은 제4조제1항의 규정에 의하여 경비업의 허가를 받은 법인(이하 "경비업자"라 한다)이 채용한 고용인으로서 다음 각 목의 어느 하나에 해당하는 자를 말한다.

가. 일반경비원: 제1호 가목부터 라목까지 및 바목의 경비업무를 수행하는 자

나. 특수경비원: 제1호 마목의 경비업무를 수행하는 자

4. "무기"라 함은 인명 또는 신체에 위해를 가할 수 있도록 제작된 권총·소총 등을 말한다.

5. "집단민원현장"이란 다음 각 목의 장소를 말한다.

가. 「노동조합 및 노동관계조정법」에 따라 노동관계 당사자가 노동쟁의 조정신청을 한 사업장 또는 쟁의행위가 발생한 사업장

나. 「도시 및 주거환경정비법」에 따른 정비사업과 관련하여 이해대립이 있어 다툼이 있는 장소

다. 특정 시설물의 설치와 관련하여 민원이 있는 장소

라. 주주총회와 관련하여 이해대립이 있어 다툼이 있는 장소

마. 건물·토지 등 부동산 및 동산에 대한 소유권·운영권·관리권·점유권 등 법적 권리에 대한 이해대립이 있어 다툼이 있는 장소

바. 100명 이상의 사람이 모이는 국제·문화·예술·체육 행사장

사. 「행정대집행법」에 따라 대집행을 하는 장소

[시행일: 2025. 1. 31.] 제2조

제3조(법인) 경비업은 법인이 아니면 이를 영위할 수 없다.

제2장 경비업의 허가 등

제4조(경비업의 허가) ①경비업을 영위하고자 하는 법인은 도급받아 행하고자 하는 경비업무를 특정하여 그 법인의 주사무소의 소재지를 관할하는 시·도경찰청장의 허가를 받아야 한다. 도급받아 행하고자 하는 경비업무

를 변경하는 경우에도 또한 같다. 〈개정 2020. 12. 22.〉

②제1항에 따른 허가를 받으려는 법인은 다음 각 호의 요건을 갖추어야 한다. 〈개정 2013. 6. 7., 2022. 11. 15.〉

1. 대통령령으로 정하는 1억원 이상의 자본금의 보유
2. 다음 각 목의 경비인력 요건
   가. 시설경비업무: 경비원 10명 이상 및 경비지도사 1명 이상
   나. 시설경비업무 외의 경비업무: 대통령령으로 정하는 경비 인력
3. 제2호의 경비인력을 교육할 수 있는 교육장을 포함하여 대통령령으로 정하는 시설과 장비의 보유
4. 그 밖에 경비업무 수행을 위하여 대통령령으로 정하는 사항

③제1항의 규정에 의하여 경비업의 허가를 받은 법인은 다음 각호의 1에 해당하는 때에는 시·도경찰청장에게 신고하여야 한다. 〈개정 2020. 12. 22.〉

1. 영업을 폐업하거나 휴업한 때
2. 법인의 명칭이나 대표자·임원을 변경한 때
3. 법인의 주사무소나 출장소를 신설·이전 또는 폐지한 때
4. 기계경비업무의 수행을 위한 관제시설을 신설·이전 또는 폐지한 때
5. 특수경비업무를 개시하거나 종료한 때
6. 그 밖에 대통령령이 정하는 중요사항을 변경한 때

④제1항 및 제3항의 규정에 의한 허가 또는 신고의 절차, 신고의 기한 등 허가 및 신고에 관하여 필요한 사항은 대통령령으로 정한다.

제4조(경비업의 허가) ①경비업을 영위하고자 하는 법인은 도급받아 행하고자 하는 경비업무를 특정하여 그 법인의 주사무소의 소재지를 관할하는 시·도경찰청장의 허가를 받아야 한다. 도급받아 행하고자 하는 경비업무를 변경하는 경우에도 또한 같다. 〈개정 2020. 12. 22.〉

②제1항에 따른 허가를 받으려는 법인은 다음 각 호의 요건을 갖추어야 한다. 〈개정 2013. 6. 7., 2022. 11. 15.〉

1. 대통령령으로 정하는 1억원 이상의 자본금의 보유
2. 다음 각 목의 경비인력 요건
   가. 시설경비업무: 경비원 10명 이상 및 경비지도사 1명 이상
   나. 시설경비업무 외의 경비업무: 대통령령으로 정하는 경비 인력
3. 제2호의 경비인력을 교육할 수 있는 교육장을 포함하여 대통령령으로 정하는 시설과 장비의 보유
4. 그 밖에 경비업무 수행을 위하여 대통령령으로 정하는 사항

③제1항의 규정에 의하여 경비업의 허가를 받은 법인은 다음 각 호의 어느 하나에 해당하는 때에는 시・도경찰청장에게 신고하여야 한다. 〈개정 2020. 12. 22., 2024. 2. 13.〉

1. 영업을 폐업하거나 휴업한 때
2. 법인의 명칭이나 대표자・임원을 변경한 때
3. 법인의 주사무소나 출장소를 신설・이전 또는 폐지한 때
4. 기계경비업무의 수행을 위한 관제시설을 신설・이전 또는 폐지한 때
5. 특수경비업무를 개시하거나 종료한 때
6. 그 밖에 대통령령이 정하는 중요사항을 변경한 때

④제1항 및 제3항의 규정에 의한 허가 또는 신고의 절차, 신고의 기한 등 허가 및 신고에 관하여 필요한 사항은 대통령령으로 정한다.

[시행일: 2024. 8. 14.] 제4조

제4조의2(허가의 제한) ①누구든지 제4조제1항에 따른 허가를 받은 경비업체와 동일한 명칭으로 경비업 허가를 받을 수 없다.

②제19조제1항제2호 및 제7호의 사유로 경비업체의 허가가 취소된 경우 허가가 취소된 날부터 10년이 지나지 아니한 때에는 누구든지 허가가 취소된 경비업체와 동일한 명칭으로 제4조제1항에 따른 허가를 받을 수 없다.

③제19조제1항제2호 및 제7호의 사유로 허가가 취소된 법인은 법인명 또는 임원의 변경에도 불구하고 허가가 취소된 날부터 5년이 지나지 아니한 때에는 제4조제1항에 따른 허가를 받을 수 없다.

[본조신설 2013. 6. 7.]

제5조(임원의 결격사유) 다음 각 호의 어느 하나에 해당하는 자는 경비업을 영위하는 법인(제4호에 해당하는 자의 경우에는 특수경비업무를 수행하는 법인을 말하고, 제5호에 해당하는 자의 경우에는 허가취소사유에 해당하는 경비업무와 동종의 경비업무를 수행하는 법인을 말한다)의 임원이 될 수 없다. 〈개정 2008. 2. 29., 2013. 6. 7., 2014. 12. 30., 2021. 1. 12.〉

1. 피성년후견인
2. 파산선고를 받고 복권되지 아니한 자
3. 금고 이상의 형의 선고를 받고 그 형이 실효되지 아니한 자
4. 이 법 또는 「대통령 등의 경호에 관한 법률」에 위반하여 벌금형의 선고를 받고 3년이 지나지 아니한 자
5. 이 법(제19조제1항제2호 및 제7호는 제외한다) 또는 이 법에 의한 명령에 위반하여 허가가 취소된 법인의 허가취소 당시의 임원이었던 자로서

그 취소 후 3년이 지나지 아니한 자

6. 제19조제1항제2호 및 제7호의 사유로 허가가 취소된 법인의 허가취소 당시의 임원이었던 자로서 허가가 취소된 날부터 5년이 지나지 아니한 자

제6조(허가의 유효기간 등) ①제4조제1항의 규정에 의한 경비업 허가의 유효기간은 허가받은 날부터 5년으로 한다.

②제1항의 규정에 의한 유효기간이 만료된 후 계속하여 경비업을 하고자 하는 법인은 행정안전부령으로 정하는 바에 따라 갱신허가를 받아야 한다. 〈개정 2008. 2. 29., 2013. 3. 23., 2014. 11. 19., 2017. 7. 26.〉

제7조(경비업자의 의무) ①경비업자는 경비대상시설의 소유자 또는 관리자(이하 "시설주"라 한다)의 관리권의 범위안에서 경비업무를 수행하여야 하며, 다른 사람의 자유와 권리를 침해하거나 그의 정당한 활동에 간섭하여서는 아니된다.

②경비업자는 경비업무를 성실하게 수행하여야 하고, 도급을 의뢰받은 경비업무가 위법 또는 부당한 것일 때에는 이를 거부하여야 한다.

③경비업자는 불공정한 계약으로 경비원의 권익을 침해하거나 경비업의 건전한 육성과 발전을 해치는 행위를 하여서는 아니된다.

④경비업자의 임ㆍ직원이거나 임ㆍ직원이었던 자는 다른 법률에 특별한 규정이 있는 경우를 제외하고는 그 직무상 알게 된 비밀을 누설하거나 다른 사람에게 제공하여 이용하도록 하는 등 부당한 목적을 위하여 사용하여서는 아니된다.

⑤경비업자는 허가받은 경비업무외의 업무에 경비원을 종사하게 하여서는 아니된다.

⑥경비업자는 집단민원현장에 경비원을 배치하는 때에는 경비지도사를 선임하고 그 장소에 배치하여 행정안전부령으로 정하는 바에 따라 경비원을 지도ㆍ감독하게 하여야 한다. 〈신설 2013. 6. 7., 2014. 11. 19., 2017. 7. 26.〉

⑦특수경비업무를 수행하는 경비업자(이하 "특수경비업자"라 한다)는 제4조제3항제5호의 규정에 의한 특수경비업무의 개시신고를 하는 때에는 국가중요시설에 대한 특수경비업무의 수행이 중단되는 경우 시설주의 동의를 얻어 다른 특수경비업자중에서 경비업무를 대행할 자(이하 "경비대행업자"라 한다)를 지정하여 허가관청에 신고하여야 한다. 경비대행업자의 지정을 변경하는 경우에도 또한 같다. 〈개정 2013. 6. 7.〉

⑧특수경비업자는 국가중요시설에 대한 특수경비업무를 중단하게 되는 경

우에는 미리 이를 제7항의 규정에 의한 경비대행업자에게 통보하여야 하며, 경비대행업자는 통보받은 즉시 그 경비업무를 인수하여야 한다. 이 경우 제7항의 규정은 경비대행업자에 대하여 이를 준용한다. 〈개정 2013. 6. 7., 2014. 12. 30.〉

⑨특수경비업자는 이 법에 의한 경비업과 경비장비의 제조・설비・판매업, 네트워크를 활용한 정보산업, 시설물 유지관리업 및 경비원 교육업 등 대통령령이 정하는 경비관련업외의 영업을 하여서는 아니된다. 〈개정 2002. 12. 18., 2013. 6. 7.〉

[2002. 12. 18. 법률 제6787호에 의하여 2002. 4. 25. 헌법재판소에서 위헌 결정된 이 조를 개정함.]

[헌법불합치, 2020헌가19, 2023.3.23, 1. 경비업법(2001. 4. 7. 법률 제6467호로 전부개정된 것) 제7조 제5항 중 '시설경비업무'에 관한 부분과 경비업법(2013. 6. 7. 법률 제11872호로 개정된 것) 제19조 제1항 제2호 중 '시설경비업무'에 관한 부분은 헌법에 합치되지 아니한다. 2. 법원 기타 국가기관 및 지방자치단체는 입법자가 개정할 때까지 위 법률조항의 적용을 중지하여야 한다. 3. 입법자는 2024. 12. 31.까지 위 법률조항들을 개정하여야 한다.]

제7조의2(경비업무 도급인 등의 의무) ①누구든지 제4조제1항에 따른 허가를 받지 아니한 자에게 경비업무를 도급하여서는 아니된다.

②누구든지 집단민원현장에 경비인력을 20명 이상 배치하려고 할 때에는 그 경비인력을 직접 고용하여서는 아니 되고, 경비업자에게 경비업무를 도급하여야 한다. 다만, 시설주 등이 집단민원현장 발생 3개월 전까지 직접 고용하여 경비업무를 수행하는 피고용인의 경우에는 그러하지 아니하다.

③제1항 및 제2항에 따라 경비업무를 도급하는 자는 그 경비업무를 수급한 경비업자의 경비원 채용 시 무자격자나 부적격자 등을 채용하도록 관여하거나 영향력을 행사해서는 아니된다. 〈신설 2015. 7. 20.〉

④제3항에 따른 무자격자 및 부적격자의 구체적인 범위 등은 대통령령으로 정한다. 〈신설 2015. 7. 20.〉

[본조신설 2013. 6. 7.]

제3장 기계경비업무

제8조(대응체제) 기계경비업무를 수행하는 경비업자(이하 "기계경비업자"라

한다)는 경비대상시설에 관한 경보를 수신한 때에는 신속하게 그 사실을 확인하는 등 필요한 대응조치를 취하여야 하며, 이를 위한 대응체제를 갖추어야 한다.

제9조(오경보의 방지 등) ①기계경비업자는 경비계약을 체결하는 때에는 오경보를 막기 위하여 계약상대방에게 기기사용요령 및 기계경비운영체계 등에 관하여 설명하여야 하며, 각종 기기가 오작동되지 아니하도록 관리하여야 한다.

②기계경비업자는 대응조치 등 업무의 원활한 운영과 개선을 위하여 대통령령이 정하는 바에 따라 관련 서류를 작성・비치하여야 한다.

제4장 경비지도사 및 경비원

제10조(경비지도사 및 경비원의 결격사유) ①다음 각 호의 어느 하나에 해당하는 자는 경비지도사 또는 일반경비원이 될 수 없다. 〈개정 2013. 6. 7., 2014. 12. 30., 2021. 1. 12.〉

1. 18세 미만인 사람 또는 피성년후견인
2. 파산선고를 받고 복권되지 아니한 자
3. 금고 이상의 실형의 선고를 받고 그 집행이 종료(집행이 종료된 것으로 보는 경우를 포함한다)되거나 집행이 면제된 날부터 5년이 지나지 아니한 자
4. 금고 이상의 형의 집행유예선고를 받고 그 유예기간중에 있는 자
5. 다음 각 목의 어느 하나에 해당하는 죄를 범하여 벌금형을 선고받은 날부터 10년이 지나지 아니하거나 금고 이상의 형을 선고받고 그 집행이 종료된(종료된 것으로 보는 경우를 포함한다) 날 또는 집행이 유예・면제된 날부터 10년이 지나지 아니한 자
   가. 「형법」 제114조의 죄
   나. 「폭력행위 등 처벌에 관한 법률」 제4조의 죄
   다. 「형법」 제297조, 제297조의2, 제298조부터 제301조까지, 제301조의2, 제302조, 제303조, 제305조, 제305조의2의 죄
   라. 「성폭력범죄의 처벌 등에 관한 특례법」 제3조부터 제11조까지 및 제15조(제3조부터 제9조까지의 미수범만 해당한다)의 죄
   마. 「아동・청소년의 성보호에 관한 법률」 제7조 및 제8조의 죄
   바. 다목부터 마목까지의 죄로서 다른 법률에 따라 가중처벌되는 죄

6. 다음 각 목의 어느 하나에 해당하는 죄를 범하여 벌금형을 선고받은 날부터 5년이 지나지 아니하거나 금고 이상의 형을 선고받고 그 집행이 유예된 날부터 5년이 지나지 아니한 자
   가. 「형법」 제329조부터 제331조까지, 제331조의2 및 제332조부터 제343조까지의 죄
   나. 가목의 죄로서 다른 법률에 따라 가중처벌되는 죄
   다. 삭제 〈2014. 12. 30.〉
   라. 삭제 〈2014. 12. 30.〉
7. 제5호 다목부터 바목까지의 어느 하나에 해당하는 죄를 범하여 치료감호를 선고받고 그 집행이 종료된 날 또는 집행이 면제된 날부터 10년이 지나지 아니한 자 또는 제6호 각 목의 어느 하나에 해당하는 죄를 범하여 치료감호를 선고받고 그 집행이 면제된 날부터 5년이 지나지 아니한 자
8. 이 법이나 이 법에 따른 명령을 위반하여 벌금형을 선고받은 날부터 5년이 지나지 아니하거나 금고 이상의 형을 선고받고 그 집행이 유예된 날부터 5년이 지나지 아니한 자

②다음 각 호의 어느 하나에 해당하는 자는 특수경비원이 될 수 없다. 〈개정 2008. 2. 29., 2009. 4. 1., 2013. 3. 23., 2013. 6. 7., 2014. 11. 19., 2014. 12. 30., 2017. 7. 26., 2021. 1. 12.〉

1. 18세 미만이거나 60세 이상인 사람 또는 피성년후견인
2. 심신상실자, 알코올 중독자 등 대통령령으로 정하는 정신적 제약이 있는 자
3. 제1항제2호부터 제8호까지의 어느 하나에 해당하는 자
4. 금고 이상의 형의 선고유예를 받고 그 유예기간중에 있는 자
5. 행정안전부령으로 정하는 신체조건에 미달되는 자

③경비업자는 제1항 각호 또는 제2항 각호의 결격사유에 해당하는 자를 경비지도사 또는 경비원으로 채용 또는 근무하게 하여서는 아니된다.

제10조의2(특수경비원의 당연 퇴직) 특수경비원이 제10조제2항에 따른 결격사유에 해당하게 될 때에는 당연 퇴직된다. 다만, 제10조제2항제1호는 나이가 60세가 되어 퇴직하는 경우에는 60세가 된 날이 1월부터 6월 사이에 있으면 6월 30일에, 7월부터 12월 사이에 있으면 12월 31일에 각각 당연 퇴직되고, 제10조제2항제3호 중 제10조제1항제2호는 파산선고를 받은 사람으로서 「채무자 회생 및 파산에 관한 법률」에 따라 신청기한 내에 면책

신청을 하지 아니하였거나 면책불허가 결정 또는 면책 취소가 확정된 경우만 해당하며, 제10조제2항제4호는 「성폭력범죄의 처벌 등에 관한 특례법」 제2조, 「아동・청소년의 성보호에 관한 법률」 제2조제2호 및 직무와 관련하여 「형법」 제355조 또는 제356조에 규정된 죄를 범한 사람으로서 금고 이상의 형의 선고유예를 받은 경우만 해당한다.

[본조신설 2022. 11. 15.]

제11조(경비지도사의 시험 등) ①경비지도사는 제10조제1항 각호의 1에 해당하지 아니하는 자로서 경찰청장이 시행하는 경비지도사시험에 합격하고 행정안전부령으로 정하는 교육을 받은 자이어야 한다. 〈개정 2008. 2. 29., 2013. 3. 23., 2014. 11. 19., 2017. 7. 26.〉

②경찰청장은 제1항의 규정에 의한 교육을 받은 자에게 행정안전부령으로 정하는 바에 따라 경비지도사자격증을 교부하여야 한다. 〈개정 2008. 2. 29., 2013. 3. 23., 2014. 11. 19., 2017. 7. 26.〉

③경비지도사시험은 매년 1회 이상 시행하며, 시험과목, 시험공고, 시험의 일부가 면제되는 자의 범위 그 밖에 경비지도사시험에 관하여 필요한 사항은 대통령령으로 정한다. 〈개정 2017. 10. 24.〉

제11조(경비지도사의 시험 등) ①경비지도사는 제10조제1항 각 호의 어느 하나에 해당하지 아니하는 자로서 경찰청장이 시행하는 경비지도사시험에 합격하고 대통령령으로 정하는 바에 따라 경찰청장이 실시하는 기본교육(이하 "기본교육"이라 한다)을 받은 자이어야 한다. 〈개정 2008. 2. 29., 2013. 3. 23., 2014. 11. 19., 2017. 7. 26., 2024. 2. 13.〉

②경찰청장은 제1항의 규정에 의한 교육을 받은 자에게 행정안전부령으로 정하는 바에 따라 경비지도사자격증을 교부하여야 한다. 〈개정 2008. 2. 29., 2013. 3. 23., 2014. 11. 19., 2017. 7. 26.〉

③경비지도사시험은 매년 1회 이상 시행하며, 시험과목, 시험공고, 시험의 일부가 면제되는 자의 범위 그 밖에 경비지도사시험에 관하여 필요한 사항은 대통령령으로 정한다. 〈개정 2017. 10. 24.〉

[시행일: 2024. 8. 14.] 제11조

제11조의2(경비지도사의 보수교육) 제12조제1항에 따라 선임된 경비지도사는 대통령령으로 정하는 바에 따라 경찰청장이 실시하는 보수교육(이하 "보수교육"이라 한다)을 받아야 한다.

[본조신설 2024. 2. 13.]

[시행일: 2024. 8. 14.] 제11조의2

제11조의3(경비지도사 교육기관의 지정 및 교육의 위탁 등) ①경찰청장은 경비지도사에 대한 기본교육 및 보수교육에 관한 업무를 전문인력 및 시설 등을 갖춘 법인으로서 경찰청장이 지정하는 기관 또는 단체(이하 "경비지도사 교육기관"이라 한다)에 위탁할 수 있다.

②경찰청장은 경비지도사에 대한 기본교육 및 보수교육의 전국적 균형을 유지하기 위하여 교육수준 및 교육방법 등에 필요한 지침을 마련하여 시행할 수 있다.

③경찰청장은 경비지도사 교육기관이 제2항에 따른 교육지침을 위반한 경우에는 기간을 정하여 시정을 명할 수 있다.

④그 밖에 경비지도사 교육기관의 지정 기준 및 절차 등에 필요한 사항은 대통령령으로 정한다.

[본조신설 2024. 2. 13.]

[시행일: 2024. 8. 14.] 제11조의3

제11조의4(경비지도사 교육기관의 지정 취소 등) ①경찰청장은 경비지도사 교육기관이 다음 각 호의 어느 하나에 해당하는 경우에는 그 지정을 취소하거나 1년의 범위에서 기간을 정하여 업무의 전부 또는 일부를 정지할 수 있다. 다만, 제1호의 경우에는 그 지정을 취소하여야 한다.

1. 거짓이나 그 밖의 부정한 방법으로 경비지도사 교육기관의 지정을 받은 경우
2. 지정받은 사항을 위반하여 업무를 행한 경우
3. 제11조의3제3항에 따른 시정명령을 받고도 정당한 사유 없이 정하여진 기간 이내에 시정하지 아니한 경우
4. 제11조의3제4항에 따른 지정 기준에 적합하지 아니하게 된 경우

②그 밖에 경비지도사 교육기관의 지정 취소 및 업무 정지에 관한 세부기준 및 절차는 그 위반행위의 유형과 위반의 정도 등을 고려하여 행정안전부령으로 정한다.

[본조신설 2024. 2. 13.]

[시행일: 2024. 8. 14.] 제11조의4

제12조(경비지도사의 선임 등) ①경비업자는 대통령령이 정하는 바에 따라 경비지도사를 선임하여야 한다.

②제1항의 규정에 의하여 선임된 경비지도사의 직무는 다음과 같다. 〈개정 2013. 6. 7.〉

1. 경비원의 지도・감독・교육에 관한 계획의 수립・실시 및 그 기록의 유지

2. 경비현장에 배치된 경비원에 대한 순회점검 및 감독

3. 경찰기관 및 소방기관과의 연락방법에 대한 지도

4. 집단민원현장에 배치된 경비원에 대한 지도·감독

5. 그 밖에 대통령령이 정하는 직무

③선임된 경비지도사는 제2항 각호의 규정에 의한 직무를 대통령령이 정하는 바에 따라 성실하게 수행하여야 한다.

제12조의2(경비지도사의 선임·해임 신고의 의무) 경비업자는 경비지도사를 선임하거나 해임하는 때에는 행정안전부령으로 정하는 바에 따라 해당 경비현장을 관할하는 시·도경찰청장 또는 경찰서장에게 신고하여야 한다.

[본조신설 2024. 2. 13.]

[시행일: 2024. 8. 14.] 제12조의2

제13조(경비원의 교육 등) ①경비업자는 경비업무를 적정하게 실시하기 위하여 경비원으로 하여금 대통령령으로 정하는 바에 따라 경비원 신임교육 및 직무교육을 받게 하여야 한다. 다만, 경비업자는 대통령령으로 정하는 경력 또는 자격을 갖춘 일반경비원을 신임교육 대상에서 제외할 수 있다. 〈개정 2013. 6. 7., 2016. 1. 26.〉

②경비원이 되려는 사람은 대통령령으로 정하는 교육기관에서 미리 일반경비원 신임교육을 받을 수 있다. 〈신설 2016. 1. 26.〉

③특수경비업자는 대통령령으로 정하는 바에 따라 특수경비원으로 하여금 특수경비원 신임교육과 정기적인 직무교육을 받게 하여야 하고, 특수경비원 신임교육을 받지 아니한 자를 특수경비업무에 종사하게 하여서는 아니된다. 〈개정 2013. 6. 7., 2016. 1. 26.〉

④제3항에 의한 특수경비원의 교육시 관할경찰서 소속 경찰공무원이 교육기관에 입회하여 대통령령이 정하는 바에 따라 지도·감독하여야 한다. 〈개정 2016. 1. 26.〉

제13조의2(경비원 교육기관의 지정 등) ①경찰청장은 제13조제1항부터 제3항까지에 따른 경비원에 대한 신임교육(이하 "신임교육"이라 한다)의 효율성을 제고하기 위하여 전문인력 및 시설 등을 갖춘 기관 또는 단체를 경비원 교육기관(이하 "경비원 교육기관"이라 한다)으로 지정할 수 있다.

②경찰청장은 경비원에 대한 신임교육의 전국적 균형을 유지하기 위하여 교육수준 및 교육방법 등에 필요한 지침을 마련하여 시행할 수 있다.

③경찰청장은 경비원 교육기관이 제2항에 따른 교육지침을 위반한 경우에는 기간을 정하여 시정을 명할 수 있다.

④그 밖에 경비원 교육기관의 지정 기준 및 절차 등에 필요한 사항은 대통령령으로 정한다.

[본조신설 2024. 2. 13.]

[시행일: 2024. 8. 14.] 제13조의2

제13조의3(경비원 교육기관의 지정 취소 등) ①경찰청장은 경비원 교육기관이 다음 각 호의 어느 하나에 해당하는 경우에는 그 지정을 취소하거나 1년 이내의 기간을 정하여 업무의 전부 또는 일부를 정지할 수 있다. 다만, 제1호의 경우에는 그 지정을 취소하여야 한다.

1. 거짓이나 그 밖의 부정한 방법으로 경비원 교육기관의 지정을 받은 경우
2. 지정받은 사항을 위반하여 업무를 행한 경우
3. 제13조의2제3항에 따른 시정명령을 받고도 정당한 사유 없이 정하여진 기간 이내에 시정하지 아니한 경우
4. 제13조의2제4항에 따른 지정 기준에 적합하지 아니하게 된 경우

②그 밖에 경비원 교육기관의 지정 취소 및 업무 정지에 관한 세부기준 및 절차는 그 위반행위의 유형과 위반의 정도 등을 고려하여 행정안전부령으로 정한다.

[본조신설 2024. 2. 13.]

[시행일: 2024. 8. 14.] 제13조의3

제14조(특수경비원의 직무 및 무기사용 등) ①특수경비업자는 특수경비원으로 하여금 배치된 경비구역안에서 관할 경찰서장 및 공항경찰대장 등 국가중요시설의 경비책임자(이하 "관할 경찰관서장"이라 한다)와 국가중요시설의 시설주의 감독을 받아 시설을 경비하고 도난·화재 그 밖의 위험의 발생을 방지하는 업무를 수행하게 하여야 한다.

②특수경비원은 국가중요시설에 대한 경비업무 수행중 국가중요시설의 정상적인 운영을 해치는 장해를 일으켜서는 아니된다.

③시·도경찰청장은 국가중요시설에 대한 경비업무의 수행을 위하여 필요하다고 인정하는 때에는 시설주의 신청에 의하여 무기를 구입한다. 이 경우 시설주는 그 무기의 구입대금을 지불하고, 구입한 무기를 국가에 기부채납하여야 한다. 〈개정 2020. 12. 22.〉

④시·도경찰청장은 국가중요시설에 대한 경비업무의 수행을 위하여 필요하다고 인정하는 때에는 관할경찰관서장으로 하여금 시설주의 신청에 의하여 시설주로부터 국가에 기부채납된 무기를 대여하게 하고, 시설주는 이를 특수경비원으로 하여금 휴대하게 할 수 있다. 이 경우 특수경비원은 정

당한 사유없이 무기를 소지하고 배치된 경비구역을 벗어나서는 아니된다. 〈개정 2020. 12. 22.〉

⑤시설주가 제4항의 규정에 의하여 대여받은 무기에 대하여 시설주 및 관할 경찰관서장은 무기의 관리책임을 지고, 관할 경찰관서장은 시설주 및 특수경비원의 무기관리상황을 대통령령이 정하는 바에 따라 지도·감독하여야 한다. 〈개정 2014. 12. 30.〉

⑥관할 경찰관서장은 무기의 적정한 관리를 위하여 제4항의 규정에 의하여 무기를 대여받은 시설주에 대하여 필요한 명령을 발할 수 있다. 〈개정 2014. 12. 30.〉

⑦시설주로부터 무기의 관리를 위하여 지정받은 책임자(이하 "관리책임자"라 한다)는 다음 각호에 의하여 이를 관리하여야 한다.

1. 무기출납부 및 무기장비운영카드를 비치·기록하여야 한다.
2. 무기는 관리책임자가 직접 지급·회수하여야 한다.

⑧특수경비원은 국가중요시설의 경비를 위하여 무기를 사용하지 아니하고는 다른 수단이 없다고 인정되는 때에는 필요한 한도안에서 무기를 사용할 수 있다. 다만, 다음 각호의 1에 해당하는 때를 제외하고는 사람에게 위해를 끼쳐서는 아니된다.

1. 무기 또는 폭발물을 소지하고 국가중요시설에 침입한 자가 특수경비원으로부터 3회 이상 투기(投棄) 또는 투항(投降)을 요구받고도 이에 불응하면서 계속 항거하는 경우 이를 억제하기 위하여 무기를 사용하지 아니하고는 다른 수단이 없다고 인정되는 때
2. 국가중요시설에 침입한 무장간첩이 특수경비원으로부터 투항(投降)을 요구받고도 이에 불응한 때

⑨특수경비원의 무기휴대, 무기종류, 그 사용기준 및 안전검사의 기준 등에 관하여 필요한 사항은 대통령령으로 정한다.

제14조(특수경비원의 직무 및 무기사용 등) ①특수경비업자는 특수경비원으로 하여금 배치된 경비구역안에서 관할 경찰서장 및 공항경찰대장 등 국가중요시설의 경비책임자(이하 "관할 경찰관서장"이라 한다)와 국가중요시설의 시설주의 감독을 받아 시설을 경비하고 도난·화재 그 밖의 위험의 발생을 방지하는 업무를 수행하게 하여야 한다.

②특수경비원은 국가중요시설에 대한 경비업무 수행중 국가중요시설의 정상적인 운영을 해치는 장해를 일으켜서는 아니된다.

③시·도경찰청장은 국가중요시설에 대한 경비업무의 수행을 위하여 필요

하다고 인정하는 때에는 시설주의 신청에 의하여 무기를 구입한다. 이 경우 시설주는 그 무기의 구입대금을 지불하고, 구입한 무기를 국가에 기부채납하여야 한다. 〈개정 2020. 12. 22.〉

④시・도경찰청장은 국가중요시설에 대한 경비업무의 수행을 위하여 필요하다고 인정하는 때에는 관할경찰관서장으로 하여금 시설주의 신청에 의하여 시설주로부터 국가에 기부채납된 무기를 대여하게 하고, 시설주는 이를 특수경비원으로 하여금 휴대하게 할 수 있다. 이 경우 특수경비원은 정당한 사유없이 무기를 소지하고 배치된 경비구역을 벗어나서는 아니된다. 〈개정 2020. 12. 22.〉

⑤시설주가 제4항의 규정에 의하여 대여받은 무기에 대하여 시설주 및 관할 경찰관서장은 무기의 관리책임을 지고, 관할 경찰관서장은 시설주 및 특수경비원의 무기관리상황을 대통령령이 정하는 바에 따라 지도・감독하여야 한다. 〈개정 2014. 12. 30.〉

⑥관할 경찰관서장은 무기의 적정한 관리를 위하여 제4항의 규정에 의하여 무기를 대여받은 시설주에 대하여 필요한 명령을 발할 수 있다. 〈개정 2014. 12. 30.〉

⑦시설주로부터 무기의 관리를 위하여 지정받은 책임자(이하 "관리책임자"라 한다)는 다음 각호에 의하여 이를 관리하여야 한다.

1. 무기출납부 및 무기장비운영카드를 비치・기록하여야 한다.
2. 무기는 관리책임자가 직접 지급・회수하여야 한다.

⑧특수경비원은 국가중요시설의 경비를 위하여 무기를 사용하지 아니하고는 다른 수단이 없다고 인정되는 때에는 필요한 한도안에서 무기를 사용할 수 있다. 다만, 다음 각 호의 어느 하나에 해당하는 때를 제외하고는 사람에게 위해를 끼쳐서는 아니된다. 〈개정 2024. 2. 13.〉

1. 무기 또는 폭발물을 소지하고 국가중요시설에 침입한 자가 특수경비원으로부터 3회 이상 투기(投棄) 또는 투항(投降)을 요구받고도 이에 불응하면서 계속 항거하는 경우 이를 억제하기 위하여 무기를 사용하지 아니하고는 다른 수단이 없다고 인정되는 때
2. 국가중요시설에 침입한 무장간첩이 특수경비원으로부터 투항(投降)을 요구받고도 이에 불응한 때

⑨특수경비원의 무기휴대, 무기종류, 그 사용기준 및 안전검사의 기준 등에 관하여 필요한 사항은 대통령령으로 정한다.

[시행일: 2024. 8. 14.] 제14조

제15조(특수경비원의 의무) ①특수경비원은 직무를 수행함에 있어 시설주·관할 경찰관서장 및 소속상사의 직무상 명령에 복종하여야 한다.

②특수경비원은 소속상사의 허가 또는 정당한 사유없이 경비구역을 벗어나서는 아니된다.

③특수경비원은 파업·태업 그 밖에 경비업무의 정상적인 운영을 저해하는 일체의 쟁의행위를 하여서는 아니된다.

④특수경비원이 무기를 휴대하고 경비업무를 수행하는 때에는 다음 각호의 1에 정하는 무기의 안전사용수칙을 지켜야 한다.

1. 특수경비원은 사람을 향하여 권총 또는 소총을 발사하고자 하는 때에는 미리 구두 또는 공포탄에 의한 사격으로 상대방에게 경고하여야 한다. 다만, 다음 각목의 1에 해당하는 경우로서 부득이한 때에는 경고하지 아니할 수 있다.
   가. 특수경비원을 급습하거나 타인의 생명·신체에 대한 중대한 위험을 야기하는 범행이 목전에 실행되고 있는 등 상황이 급박하여 경고할 시간적 여유가 없는 경우
   나. 인질·간첩 또는 테러사건에 있어서 은밀히 작전을 수행하는 경우
2. 특수경비원은 무기를 사용하는 경우에 있어서 범죄와 무관한 다중의 생명·신체에 위해를 가할 우려가 있는 때에는 이를 사용하여서는 아니된다. 다만, 무기를 사용하지 아니하고는 타인 또는 특수경비원의 생명·신체에 대한 중대한 위협을 방지할 수 없다고 인정되는 때에는 필요한 최소한의 범위 안에서 이를 사용할 수 있다.
3. 특수경비원은 총기 또는 폭발물을 가지고 대항하는 경우를 제외하고는 14세 미만의 자 또는 임산부에 대하여는 권총 또는 소총을 발사하여서는 아니된다.

제15조(특수경비원의 의무) ①특수경비원은 직무를 수행함에 있어 시설주·관할 경찰관서장 및 소속상사의 직무상 명령에 복종하여야 한다.

②특수경비원은 소속상사의 허가 또는 정당한 사유없이 경비구역을 벗어나서는 아니된다.

③특수경비원은 파업·태업 그 밖에 경비업무의 정상적인 운영을 저해하는 일체의 쟁의행위를 하여서는 아니된다.

④특수경비원이 무기를 휴대하고 경비업무를 수행하는 때에는 다음 각 호의 어느 하나에서 정하는 무기의 안전사용수칙을 지켜야 한다. 〈개정 2024. 2. 13.〉

1. 특수경비원은 사람을 향하여 권총 또는 소총을 발사하고자 하는 때에는 미리 구두 또는 공포탄에 의한 사격으로 상대방에게 경고하여야 한다. 다만, 다음 각목의 1에 해당하는 경우로서 부득이한 때에는 경고하지 아니할 수 있다.
   가. 특수경비원을 급습하거나 타인의 생명·신체에 대한 중대한 위험을 야기하는 범행이 목전에 실행되고 있는 등 상황이 급박하여 경고할 시간적 여유가 없는 경우
   나. 인질·간첩 또는 테러사건에 있어서 은밀히 작전을 수행하는 경우
2. 특수경비원은 무기를 사용하는 경우에 있어서 범죄와 무관한 다중의 생명·신체에 위해를 가할 우려가 있는 때에는 이를 사용하여서는 아니된다. 다만, 무기를 사용하지 아니하고는 타인 또는 특수경비원의 생명·신체에 대한 중대한 위협을 방지할 수 없다고 인정되는 때에는 필요한 최소한의 범위 안에서 이를 사용할 수 있다.
3. 특수경비원은 총기 또는 폭발물을 가지고 대항하는 경우를 제외하고는 14세 미만의 자 또는 임산부에 대하여는 권총 또는 소총을 발사하여서는 아니된다.

[시행일: 2024. 8. 14.] 제15조

제15조의2(경비원 등의 의무) ①경비원은 직무를 수행함에 있어 타인에게 위력을 과시하거나 물리력을 행사하는 등 경비업무의 범위를 벗어난 행위를 하여서는 아니된다.

②누구든지 경비원으로 하여금 경비업무의 범위를 벗어난 행위를 하게 하여서는 아니된다.

[본조신설 2005. 8. 4.]

제16조(경비원의 복장 등) ①경비업자는 경찰공무원 또는 군인의 제복과 색상 및 디자인 등이 명확히 구별되는 소속 경비원의 복장을 정하고 이를 확인할 수 있는 사진을 첨부하여 주된 사무소를 관할하는 시·도경찰청장에게 행정안전부령으로 정하는 바에 따라 신고하여야 한다. 〈개정 2014. 11. 19., 2017. 7. 26., 2020. 12. 22.〉

②경비업자는 경비업무 수행 시 경비원에게 소속 경비업체를 표시한 이름표를 부착하도록 하고, 제1항에 따라 신고된 동일한 복장을 착용하게 하여야 하며, 복장에 소속 회사를 오인할 수 있는 표시를 하거나 다른 회사의 복장을 착용하게 하여서는 아니된다. 다만, 집단민원현장이 아닌 곳에서 신변보호업무를 수행하는 경우 또는 경비업무의 성격상 부득이한 사유가 있

어 관할 경찰관서장이 허용하는 경우에는 그러하지 아니하다.

③시·도경찰청장은 제1항에 따라 제출받은 사진을 검토한 후 경비업자에게 복장 변경 등에 대한 시정명령을 할 수 있다. 〈개정 2020. 12. 22.〉

④제3항에 따른 시정명령을 받은 경비업자는 이를 이행하여야 하고, 시·도경찰청장에게 행정안전부령으로 정하는 바에 따라 이행보고를 하여야 한다. 〈개정 2014. 11. 19., 2017. 7. 26., 2020. 12. 22.〉

⑤그 밖에 경비원의 복장 등에 필요한 사항은 행정안전부령으로 정한다. 〈개정 2014. 11. 19., 2017. 7. 26.〉

[전문개정 2013. 6. 7.]

제16조의2(경비원의 장비 등) ①경비원이 휴대할 수 있는 장비의 종류는 경적·단봉·분사기 등 행정안전부령으로 정하되, 근무 중에만 이를 휴대할 수 있다. 〈개정 2014. 11. 19., 2017. 7. 26.〉

②경비업자가 경비원으로 하여금 분사기를 휴대하여 직무를 수행하게 하는 경우에는 「총포·도검·화약류 등 단속법」에 따라 미리 분사기의 소지허가를 받아야 한다.

③누구든지 제1항의 장비를 임의로 개조하여 통상의 용법과 달리 사용함으로써 다른 사람의 생명·신체에 위해를 가하여서는 아니된다.

④경비원은 경비업무를 위하여 필요하다고 인정되는 상당한 이유가 있을 때에는 필요한 최소한도에서 제1항의 장비를 사용할 수 있다.

⑤그 밖에 경비원의 장비 등에 관하여 필요한 사항은 행정안전부령으로 정한다. 〈개정 2014. 11. 19., 2017. 7. 26.〉

[본조신설 2013. 6. 7.]

제16조의3(출동차량 등) ①경비업자는 출동차량 등의 도색 및 표지를 경찰차량 및 군차량과 명확히 구별될 수 있게 하여야 한다.

②경비업자는 출동차량 등의 도색 및 표지를 정하고 이를 확인할 수 있는 사진을 첨부하여 주된 사무소를 관할하는 시·도경찰청장에게 행정안전부령으로 정하는 바에 따라 신고하여야 한다. 〈개정 2014. 11. 19., 2017. 7. 26., 2020. 12. 22.〉

③시·도경찰청장은 제2항에 따라 제출받은 사진을 검토한 후 경비업자에게 도색 및 표지 변경 등에 대한 시정명령을 할 수 있다. 〈개정 2020. 12. 22.〉

④제3항에 따른 시정명령을 받은 경비업자는 이를 이행하여야 하고, 시·도경찰청장에게 행정안전부령으로 정하는 바에 따라 이행보고를 하여야

한다. 〈개정 2014. 11. 19., 2017. 7. 26., 2020. 12. 22.〉

⑤그 밖에 출동차량 등에 필요한 사항은 행정안전부령으로 정한다. 〈개정 2014. 11. 19., 2017. 7. 26.〉

[본조신설 2013. 6. 7.]

제17조(결격사유 확인을 위한 범죄경력조회 등) ①경찰청장, 시·도경찰청장 또는 관할 경찰관서장은 직권으로 또는 제2항에 따른 범죄경력조회 요청이 있는 경우에는 경비업자의 임원, 경비지도사 또는 경비원이 제5조제3호·제4호, 제10조제1항제3호부터 제8호까지 또는 같은 조 제2항제3호·제4호에 따른 결격사유에 해당하는지를 확인하기 위하여 「형의 실효 등에 관한 법률」 제6조에 따른 범죄경력조회를 할 수 있다. 〈개정 2020. 12. 22., 2021. 1. 12.〉

②경비업자는 선출·선임·채용 또는 배치하려는 임원, 경비지도사 또는 경비원이 제5조제3호·제4호, 제10조제1항제3호부터 제8호까지 또는 같은 조 제2항제3호·제4호에 따른 결격사유에 해당하는지를 확인하기 위하여 주된 사무소, 출장소 또는 배치장소를 관할하는 시·도경찰청장 또는 경찰관서장에게 「형의 실효 등에 관한 법률」 제6조에 따른 범죄경력조회를 요청할 수 있다. 〈개정 2020. 12. 22., 2021. 1. 12.〉

③제2항에 따른 범죄경력조회 요청을 받은 시·도경찰청장 또는 관할 경찰관서장은 경비업자에게 그 결과를 통보할 때에는 경비업자의 임원, 경비지도사 또는 경비원이 제5조제3호·제4호, 제10조제1항제3호부터 제8호까지 또는 같은 조 제2항제3호·제4호에 따른 결격사유에 해당하는지 여부만을 통보하여야 한다. 〈개정 2020. 12. 22., 2021. 1. 12.〉

④시·도경찰청장 또는 관할 경찰관서장은 경비업자의 임원, 경비지도사 또는 경비원이 제5조 각 호, 제10조제1항 각 호 또는 제2항 각 호의 결격사유에 해당하는 사실을 알게 되거나 이 법 또는 이 법에 따른 명령을 위반한 때에는 경비업자에게 그 사실을 통보하여야 한다. 〈개정 2020. 12. 22.〉

[전문개정 2013. 6. 7.]

제18조(경비원의 명부와 배치허가 등) ①경비업자는 행정안전부령으로 정하는 바에 따라 경비원의 명부를 작성·비치하여야 한다. 다만, 집단민원현장에 배치되는 일반경비원의 명부는 그 경비원이 배치되는 장소에도 작성·비치하여야 한다. 〈개정 2008. 2. 29., 2013. 3. 23., 2013. 6. 7., 2014. 11. 19., 2017. 7. 26.〉

②경비업자가 경비원을 배치하거나 배치를 폐지한 경우에는 행정안전부령

으로 정하는 바에 따라 관할 경찰관서장에게 신고하여야 한다. 다만, 다음 제1호의 경우에는 경비원을 배치하기 48시간 전까지 행정안전부령으로 정하는 바에 따라 배치허가를 신청하고, 관할 경찰관서장의 배치허가를 받은 후에 경비원을 배치하여야 하며(제2호 및 제3호의 경우에는 경비원을 배치하기 전까지 신고하여야 한다), 이 경우 관할 경찰관서장은 배치허가를 함에 있어 필요한 조건을 붙일 수 있다. 〈개정 2005. 8. 4., 2008. 2. 29., 2013. 3. 23., 2013. 6. 7., 2014. 11. 19., 2017. 7. 26.〉

1. 제2조제1호가목에 따른 시설경비업무 또는 같은 호 다목에 따른 신변보호업무 중 집단민원현장에 배치된 일반경비원
2. 집단민원현장이 아닌 곳에서 제2조제1호 다목의 규정에 의한 신변보호업무를 수행하는 일반경비원
3. 특수경비원

③관할 경찰관서장은 제2항 각 호 외의 부분 단서에 따른 배치허가 신청을 받은 경우 다음 각 호의 사유에 해당하는 때에는 배치허가를 하여서는 아니된다. 이 경우 관할 경찰관서장은 다음 각 호의 사유를 확인하기 위하여 소속 경찰관으로 하여금 그 배치장소를 방문하여 조사하게 할 수 있다. 〈신설 2013. 6. 7.〉

1. 제15조의2제1항 및 제2항을 위반하여 경비업무의 범위를 벗어난 행위를 할 우려가 있는 경우
2. 경비원 중 제10조제1항 또는 제2항에 해당하는 결격자나 제13조에 따른 신임교육을 받지 아니한 사람이 대통령령으로 정하는 기준 이상으로 포함되어 있는 경우
3. 제24조에 따라 경비원의 복장·장비 등에 대하여 내려진 필요한 명령을 이행하지 아니하는 경우

④제2항 각 호 외의 부분 단서에 따른 배치허가 신청을 받은 관할 경찰관서장은 배치되는 경비원 중 제10조제1항 또는 제2항에 해당하는 결격자가 있는 경우에는 그 사람을 제외하고 배치허가를 하여야 한다. 〈신설 2013. 6. 7.〉

⑤경비업자는 경비원을 배치하여 경비업무를 수행하게 하는 때에는 행정안전부령으로 정하는 바에 따라 배치된 경비원의 인적사항과 배치일시·배치장소 등 근무상황을 기록하여 보관하여야 한다. 〈신설 2013. 6. 7., 2014. 11. 19., 2017. 7. 26.〉

⑥경비업자는 다음 각 호의 어느 하나에 해당하는 죄를 범하여 벌금형을

선고받고 5년이 지나지 아니하거나 금고 이상의 형을 선고받고 그 집행이 유예된 날부터 5년이 지나지 아니한 자를 집단민원현장에 일반경비원으로 배치하여서는 아니된다. 〈신설 2013. 6. 7., 2016. 1. 6.〉

1. 「형법」 제257조부터 제262조까지, 제264조, 제276조부터 제281조까지의 죄, 제284조의 죄, 제285조의 죄, 제320조의 죄, 제324조제2항의 죄, 제350조의2의 죄, 제351조의 죄(제350조, 제350조의2의 상습범으로 한정한다), 제369조제1항의 죄
2. 「폭력행위 등 처벌에 관한 법률」 제2조 또는 제3조의 죄

⑦경비업자는 제1항에 따른 경비원 명부에 없는 자를 경비업무에 종사하게 하여서는 아니 되고, 제2항에 따라 경비원을 배치하는 경우에는 제13조에 따른 신임교육을 이수한 자를 배치하여야 한다. 〈신설 2013. 6. 7.〉

⑧관할 경찰관서장은 경비업자가 다음 각 호의 어느 하나에 해당하는 때에는 배치폐지를 명할 수 있다. 〈신설 2013. 6. 7.〉

1. 제2항 각 호 외의 부분 단서를 위반하여 배치허가를 받지 아니하고 경비원을 배치하거나 경비원 명단 및 배치일시 · 배치장소 등 배치허가 신청의 내용을 거짓으로 한 때
2. 제6항의 결격사유에 해당하는 자를 집단민원현장에 일반경비원으로 배치한 때
3. 제7항을 위반하여 신임교육을 이수하지 아니한 자를 제2항 각 호의 경비원으로 배치한 때
4. 경비업자 또는 경비원이 위력이나 흉기 또는 그 밖의 위험한 물건을 사용하여 집단적 폭력사태를 일으킨 때
5. 경비업자가 제2항 각 호 외의 부분 본문을 위반하여 신고하지 아니하고 일반경비원을 배치한 때

[제목개정 2013. 6. 7.]

제5장 행정처분 등

제19조(경비업 허가의 취소 등) ①허가관청은 경비업자가 다음 각 호의 어느 하나에 해당하는 때에는 그 허가를 취소하여야 한다. 〈개정 2002. 12. 18., 2013. 6. 7., 2017. 10. 24.〉

1. 허위 그 밖의 부정한 방법으로 허가를 받은 때
2. 제7조제5항의 규정에 위반하여 허가받은 경비업무외의 업무에 경비원을

종사하게 한 때
3. 제7조제9항의 규정에 위반하여 경비업 및 경비관련업외의 영업을 한 때
4. 정당한 사유없이 허가를 받은 날부터 2년 이내에 경비 도급실적이 없거나 계속하여 1년 이상 휴업한 때
5. 정당한 사유없이 최종 도급계약 종료일의 다음 날부터 2년 이내에 경비 도급실적이 없을 때
6. 영업정지처분을 받고 계속하여 영업을 한 때
7. 제15조의2제2항을 위반하여 소속 경비원으로 하여금 경비업무의 범위를 벗어난 행위를 하게 한 때
8. 제18조제8항에 따른 관할 경찰관서장의 배치폐지 명령에 따르지 아니한 때

②허가관청은 경비업자가 다음 각 호의 어느 하나에 해당하는 때에는 대통령령으로 정하는 행정처분의 기준에 따라 그 허가를 취소하거나 6개월 이내의 기간을 정하여 영업의 전부 또는 일부에 대하여 영업정지를 명할 수 있다. 〈신설 2013. 6. 7., 2020. 12. 22.〉

1. 제4조제1항 후단을 위반하여 시·도경찰청장의 허가 없이 경비업무를 변경한 때
2. 제7조제2항을 위반하여 도급을 의뢰받은 경비업무가 위법한 것임에도 이를 거부하지 아니한 때
3. 제7조제6항을 위반하여 경비지도사를 집단민원현장에 선임·배치하지 아니한 때
4. 제8조를 위반하여 경비대상 시설에 관한 경보 대응체제를 갖추지 아니한 때
5. 제9조제2항을 위반하여 관련 서류를 작성·비치하지 아니한 때
6. 제10조제3항을 위반하여 결격사유에 해당하는 경비원을 배치하거나 결격사유에 해당하는 경비지도사를 선임·배치한 때
7. 제12조제1항을 위반하여 경비지도사를 선임한 때
8. 제13조를 위반하여 경비원으로 하여금 교육을 받게 하지 아니한 때
9. 제16조에 따른 경비원의 복장 등에 관한 규정을 위반한 때
10. 제16조의2에 따른 경비원의 장비 등에 관한 규정을 위반한 때
11. 제16조의3에 따른 경비원의 출동차량 등에 관한 규정을 위반한 때
12. 제18조제1항 단서를 위반하여 집단민원현장에 일반경비원 명부를 작성·비치하지 아니한 때

13. 제18조제2항 각 호 외의 부분 단서를 위반하여 배치허가를 받지 아니하고 경비원을 배치하거나 경비원 명단 및 배치일시 · 배치장소 등 배치허가 신청의 내용을 거짓으로 한 때
14. 제18조제6항을 위반하여 결격사유에 해당하는 일반경비원을 집단민원현장에 배치한 때
15. 제24조에 따른 감독상 명령에 따르지 아니한 때
16. 제26조를 위반하여 손해를 배상하지 아니한 때

③허가관청은 제1항 및 제2항에 의하여 허가취소 또는 영업정지처분을 하는 때에는 경비업자가 허가받은 경비업무중 허가취소 또는 영업정지사유에 해당되는 경비업무에 한하여 처분을 하여야 한다. 다만, 제1항제2호 및 제7호에 해당하여 허가취소를 하는 때에는 그러하지 아니하다. 〈개정 2013. 6. 7.〉

[2002. 12. 18. 법률 제6787호에 의하여 2002. 4. 25. 헌법재판소에서 위헌결정된 이 조를 개정함.]

[헌법불합치, 2020헌가19, 2023.3.23, 1. 경비업법(2001. 4. 7. 법률 제6467호로 전부개정된 것) 제7조 제5항 중 '시설경비업무'에 관한 부분과 경비업법(2013. 6. 7. 법률 제11872호로 개정된 것) 제19조 제1항 제2호 중 '시설경비업무'에 관한 부분은 헌법에 합치되지 아니한다. 2. 법원 기타 국가기관 및 지방자치단체는 입법자가 개정할 때까지 위 법률조항의 적용을 중지하여야 한다. 3. 입법자는 2024. 12. 31.까지 위 법률조항들을 개정하여야 한다.]

제20조(경비지도사자격의 취소 등) ①경찰청장은 경비지도사가 다음 각호의 1에 해당하는 때에는 그 자격을 취소하여야 한다. 〈개정 2014. 12. 30.〉
1. 제10조제1항 각호의 결격사유에 해당하게 된 때
2. 허위 그 밖의 부정한 방법으로 경비지도사자격증을 교부받은 때
3. 경비지도사자격증을 다른 사람에게 빌려주거나 양도한 때
4. 자격정지 기간 중에 경비지도사로 선임되어 활동한 때

②경찰청장은 경비지도사가 다음 각호의 1에 해당하는 때에는 대통령령이 정하는 바에 따라 1년의 범위 내에서 그 자격을 정지시킬 수 있다. 〈개정 2020. 12. 22.〉
1. 제12조제3항의 규정에 위반하여 직무를 성실하게 수행하지 아니한 때
2. 제24조의 규정에 의한 경찰청장 또는 시 · 도경찰청장의 명령을 위반한 때

③경찰청장은 제1항의 규정에 의하여 경비지도사의 자격을 취소한 때에는 경비지도사자격증을 회수하여야 하고, 제2항의 규정에 의하여 경비지도사의 자격을 정지한 때에는 그 정지기간동안 경비지도사자격증을 회수하여 보관하여야 한다.

제20조(경비지도사자격의 취소 등) ①경찰청장은 경비지도사가 다음 각 호의 어느 하나에 해당하는 때에는 그 자격을 취소하여야 한다. 〈개정 2014. 12. 30., 2024. 2. 13.〉

1. 제10조제1항 각호의 결격사유에 해당하게 된 때
2. 허위 그 밖의 부정한 방법으로 경비지도사자격증을 교부받은 때
3. 경비지도사자격증을 다른 사람에게 빌려주거나 양도한 때
4. 자격정지 기간 중에 경비지도사로 선임되어 활동한 때

②경찰청장은 경비지도사가 다음 각 호의 어느 하나에 해당하는 때에는 대통령령이 정하는 바에 따라 1년의 범위 내에서 그 자격을 정지시킬 수 있다. 〈개정 2020. 12. 22., 2024. 2. 13.〉

1. 제12조제3항의 규정에 위반하여 직무를 성실하게 수행하지 아니한 때
2. 제24조의 규정에 의한 경찰청장 또는 시·도경찰청장의 명령을 위반한 때

③경찰청장은 제1항의 규정에 의하여 경비지도사의 자격을 취소한 때에는 경비지도사자격증을 회수하여야 하고, 제2항의 규정에 의하여 경비지도사의 자격을 정지한 때에는 그 정지기간동안 경비지도사자격증을 회수하여 보관하여야 한다.

[시행일: 2024. 8. 14.] 제20조

제21조(청문) 경찰청장 또는 시·도경찰청장은 다음 각호의 1에 해당하는 처분을 하고자 하는 경우에는 청문을 실시하여야 한다. 〈개정 2020. 12. 22.〉

1. 제19조의 규정에 의한 경비업 허가의 취소 또는 영업정지
2. 제20조제1항 또는 제2항의 규정에 의한 경비지도사자격의 취소 또는 정지

제21조(청문) 경찰청장 또는 시·도경찰청장은 다음 각 호의 어느 하나에 해당하는 처분을 하고자 하는 경우에는 청문을 실시하여야 한다. 〈개정 2020. 12. 22., 2024. 2. 13.〉

1. 제11조의4에 따른 경비지도사 교육기관의 지정 취소 또는 업무의 정지
2. 제13조의3에 따른 경비원 교육기관의 지정 취소 또는 업무의 정지
3. 제19조의 규정에 의한 경비업 허가의 취소 또는 영업정지

4. 제20조제1항 또는 제2항의 규정에 의한 경비지도사자격의 취소 또는 정지

[시행일: 2024. 8. 14.] 제21조

제6장 경비협회

제22조(경비협회) ①경비업자는 경비업무의 건전한 발전과 경비원의 자질향상 및 교육훈련 등을 위하여 대통령령이 정하는 바에 따라 경비협회를 설립할 수 있다.

②경비협회는 법인으로 한다.

③경비협회의 업무는 다음과 같다.

1. 경비업무의 연구
2. 경비원 교육·훈련 및 그 연구
3. 경비원의 후생·복지에 관한 사항
4. 경비진단에 관한 사항
5. 그 밖에 경비업무의 건전한 운영과 육성에 관하여 필요한 사항

④경비협회에 관하여 이 법에 특별한 규정이 있는 것을 제외하고는 민법중 사단법인에 관한 규정을 준용한다.

제23조(공제사업) ①경비협회는 다음 각 호의 공제사업을 할 수 있다. <개정 2015. 7. 20.>

1. 제26조에 따른 경비업자의 손해배상책임을 보장하기 위한 사업
2. 경비업자가 경비업을 운영할 때 필요한 입찰보증, 계약보증(이행보증을 포함한다), 하도급보증을 위한 사업
3. 경비원의 복지향상과 업무상 재해로 인한 손실을 보상하는 사업
4. 경비업무와 관련한 연구 및 경비원 교육·훈련에 관한 사업

②경비협회는 제1항의 규정에 의한 공제사업을 하고자 하는 때에는 공제규정을 제정하여야 한다.

③제2항의 공제규정에는 공제사업의 범위, 공제계약의 내용, 공제금, 공제료 및 공제금에 충당하기 위한 책임준비금 등 공제사업의 운영에 관하여 필요한 사항을 정하여야 한다.

④경찰청장은 제1항에 따른 공제사업의 건전한 육성과 가입자의 보호를 위하여 공제사업의 감독에 관한 기준을 정할 수 있다. <신설 2015. 7. 20.>

⑤경찰청장은 제2항에 따른 공제규정을 승인하거나 제4항에 따라 공제사

업의 감독에 관한 기준을 정하는 경우에는 미리 금융위원회와 협의하여야 한다. 〈신설 2015. 7. 20.〉

⑥경찰청장은 제1항에 따른 공제사업에 대하여 「금융위원회의 설치 등에 관한 법률」에 따른 금융감독원의 원장에게 검사를 요청할 수 있다. 〈신설 2015. 7. 20.〉

제7장 보칙

제24조(감독) ①경찰청장 또는 시·도경찰청장은 경비업무의 적정한 수행을 위하여 경비업자 및 경비지도사를 지도·감독하며 필요한 명령을 할 수 있다. 〈개정 2020. 12. 22.〉

②시·도경찰청장 또는 관할 경찰관서장은 소속 경찰공무원으로 하여금 관할구역안에 있는 경비업자의 주사무소 및 출장소와 경비원배치장소에 출입하여 근무상황 및 교육훈련상황 등을 감독하며 필요한 명령을 하게 할 수 있다. 이 경우 출입하는 경찰공무원은 그 권한을 표시하는 증표를 관계인에게 내보여야 한다. 〈개정 2020. 12. 22.〉

③시·도경찰청장 또는 관할 경찰관서장은 경비업자 또는 배치된 경비원이 이 법이나 이 법에 따른 명령, 「폭력행위 등 처벌에 관한 법률」을 위반하는 행위를 하는 경우 그 위반행위의 중지를 명할 수 있다. 〈신설 2013. 6. 7., 2020. 12. 22.〉

④시·도경찰청장 또는 관할 경찰관서장은 경비업무 장소가 집단민원현장으로 판단되는 경우에는 그 때부터 48시간 이내에 경비업자에게 경비원 배치 허가를 받을 것을 고지하여야 한다. 〈신설 2015. 7. 20., 2020. 12. 22.〉

제25조(보안지도·점검 등) 시·도경찰청장은 대통령령이 정하는 바에 따라 특수경비업자에 대하여 보안지도·점검을 실시하여야 하고, 필요한 경우 관계기관에 보안측정을 요청하여야 한다. 〈개정 2020. 12. 22.〉

제26조(손해배상 등) ①경비업자는 경비원이 업무수행중 고의 또는 과실로 경비대상에 손해가 발생하는 것을 방지하지 못한 때에는 그 손해를 배상하여야 한다.

②경비업자는 경비원이 업무수행중 고의 또는 과실로 제3자에게 손해를 입힌 경우에는 이를 배상하여야 한다.

제27조(위임 및 위탁) ①이 법에 의한 경찰청장의 권한은 대통령령이 정하는 바에 따라 그 일부를 시·도경찰청장에게 위임할 수 있다. 〈개정 2020. 12.

22.〉

②경찰청장은 제11조의 규정에 의한 경비지도사의 시험 및 교육에 관한 업무를 대통령령이 정하는 바에 따라 관계전문기관 또는 단체에 위탁할 수 있다.

제27조(위임 및 위탁) ①이 법에 의한 경찰청장의 권한은 대통령령이 정하는 바에 따라 그 일부를 시ㆍ도경찰청장에게 위임할 수 있다. 〈개정 2020. 12. 22.〉

②경찰청장은 제11조의 규정에 의한 경비지도사의 시험에 관한 업무를 대통령령이 정하는 바에 따라 관계전문기관 또는 단체에 위탁할 수 있다. 〈개정 2024. 2. 13.〉

[시행일: 2024. 8. 14.] 제27조

제27조의2(수수료) 이 법에 따른 경비업의 허가를 받거나 허가증을 재교부 받고자 하는 자는 대통령령이 정하는 바에 따라 수수료를 납부하여야 한다.

[본조신설 2005. 5. 31.]

제27조의3(벌칙 적용에서 공무원 의제) 제27조제2항에 따라 위탁받은 업무에 종사하는 관계전문기관 또는 단체의 임직원은 「형법」 제129조부터 제132조까지의 규정을 적용할 때에는 공무원으로 본다.

[본조신설 2019. 4. 16.]

제8장 벌칙

제28조(벌칙) ①제14조제2항의 규정에 위반하여 국가중요시설의 정상적인 운영을 해치는 장해를 일으킨 특수경비원은 5년 이하의 징역 또는 5천만원 이하의 벌금에 처한다. 〈개정 2017. 10. 24.〉

②다음 각 호의 어느 하나에 해당하는 자는 3년 이하의 징역 또는 3천만원 이하의 벌금에 처한다. 〈개정 2005. 8. 4., 2013. 6. 7., 2015. 7. 20.〉

1. 제4조제1항의 규정에 의한 허가를 받지 아니하고 경비업을 영위한 자
2. 제7조제4항의 규정에 위반하여 직무상 알게 된 비밀을 누설하거나 부당한 목적을 위하여 사용한 자
3. 제7조제8항의 규정에 위반하여 경비업무의 중단을 통보하지 아니하거나 경비업무를 즉시 인수하지 아니한 특수경비업자 또는 경비대행업자
4. 집단민원현장에 경비원을 배치하면서 제7조의2제1항을 위반하여 제4조제1항에 따른 허가를 받지 아니한 자에게 경비업무를 도급한 자

5. 제7조의2제2항을 위반하여 집단민원현장에 20명 이상의 경비인력을 배치하면서 그 경비인력을 직접 고용한 자
6. 제7조의2제3항을 위반하여 경비업자의 경비원 채용 시 무자격자나 부적격자 등을 채용하도록 관여하거나 영향력을 행사한 도급인
7. 과실로 인하여 제14조제2항의 규정에 위반하여 국가중요시설의 정상적인 운영을 해치는 장해를 일으킨 특수경비원
8. 특수경비원으로서 경비구역 안에서 시설물의 절도, 손괴, 위험물의 폭발 등의 사유로 인한 위급사태가 발생한 때에 제15조제1항 또는 제2항의 규정에 위반한 자
9. 제15조의2제2항의 규정을 위반하여 경비원에게 경비업무의 범위를 벗어난 행위를 하게 한 자

③제14조제4항 후단의 규정에 위반하여 정당한 사유없이 무기를 소지하고 배치된 경비구역을 벗어난 특수경비원은 2년 이하의 징역 또는 2천만원 이하의 벌금에 처한다.

④다음 각 호의 어느 하나에 해당하는 자는 1년 이하의 징역 또는 1천만원 이하의 벌금에 처한다. 〈개정 2005. 8. 4., 2013. 6. 7., 2020. 12. 22.〉

1. 제14조제7항의 규정에 위반한 관리책임자
2. 제15조제3항의 규정에 위반하여 쟁의행위를 한 특수경비원
3. 제15조의2제1항을 위반하여 경비업무의 범위를 벗어난 행위를 한 경비원
4. 제16조의2제1항에서 정한 장비 외에 흉기 또는 그 밖의 위험한 물건을 휴대하고 경비업무를 수행한 경비원 또는 경비원에게 이를 휴대하고 경비업무를 수행하게 한 자
5. 제18조제8항을 위반하여 경찰관서장의 배치폐지 명령을 따르지 아니한 자
6. 제24조제3항에 따른 시ㆍ도경찰청장 또는 관할 경찰관서장의 중지명령에 따르지 아니한 자

⑤ 삭제 〈2013. 6. 7.〉

제29조(형의 가중처벌) ①특수경비원이 무기를 휴대하고 경비업무를 수행중에 제14조제8항의 규정 및 제15조제4항의 규정에 의한 무기의 안전수칙을 위반하여 「형법」 제258조의2제1항(제257조제1항의 죄로 한정한다)ㆍ제2항(제258조제1항ㆍ제2항의 죄로 한정한다), 제259조제1항, 제260조제1항, 제262조, 제268조, 제276조제1항, 제277조제1항, 제281조제1항, 제283조제1항, 제324조제2항, 제350조의2 및 제366조의 죄를 범한 때에는 그 죄에 정한 형의 2분의 1까지 가중처벌한다. 〈개정 2013. 6. 7., 2016. 1. 6.〉

②경비원이 경비업무 수행 중에 제16조의2제1항에서 정한 장비 외에 흉기 또는 그 밖의 위험한 물건을 휴대하고 「형법」 제258조의2제1항(제257조제1항의 죄로 한정한다)·제2항(제258조제1항·제2항의 죄로 한정한다), 제259조제1항, 제261조, 제262조, 제268조, 제276조제1항, 제277조제1항, 제281조제1항, 제283조제1항, 제324조제2항, 제350조의2 및 제366조의 죄를 범한 때에는 그 죄에 정한 형의 2분의 1까지 가중처벌한다. 〈신설 2013. 6. 7., 2016. 1. 6.〉

제30조(양벌규정) 법인의 대표자나 법인 또는 개인의 대리인, 사용인, 그 밖의 종업원이 그 법인 또는 개인의 업무에 관하여 제28조의 위반행위를 하면 그 행위자를 벌하는 외에 그 법인 또는 개인에게도 해당 조문의 벌금형을 과(科)한다. 다만, 법인 또는 개인이 그 위반행위를 방지하기 위하여 해당 업무에 관하여 상당한 주의와 감독을 게을리하지 아니한 경우에는 그러하지 아니하다.

[전문개정 2008. 12. 26.]

제31조(과태료) ①다음 각 호의 어느 하나에 해당하는 경비업자에게는 3천만원 이하의 과태료를 부과한다. 〈신설 2013. 6. 7.〉

1. 제16조제1항을 위반하여 경비원의 복장에 관한 신고를 하지 아니하고 집단민원현장에 경비원을 배치한 자
2. 제16조제2항을 위반하여 이름표를 부착하게 하지 아니하거나, 신고된 동일 복장을 착용하게 하지 아니하고 집단민원현장에 경비원을 배치한 자
3. 제18조제1항 단서를 위반하여 집단민원현장에 일반경비원을 배치하면서 경비원의 명부를 배치장소에 작성·비치하지 아니한 자
4. 제18조제2항 각 호 외의 부분 단서를 위반하여 배치허가를 받지 아니하고 경비원을 배치하거나 경비원 명단 및 배치일시·배치장소 등 배치허가 신청의 내용을 거짓으로 한 자
5. 제18조제7항을 위반하여 제13조에 따른 신임교육을 이수하지 아니한 자를 제18조제2항 각 호의 경비원으로 배치한 자

②다음 각 호의 어느 하나에 해당하는 경비업자 또는 시설주에게는 500만원 이하의 과태료를 부과한다. 〈개정 2013. 6. 7.〉

1. 제4조제3항 또는 제18조제2항의 규정에 위반하여 신고를 하지 아니한 자
2. 제7조제7항의 규정에 위반하여 경비대행업자 지정신고를 하지 아니한 자
3. 제9조제1항의 규정에 위반하여 설명의무를 이행하지 아니한 자

4. 제12조제1항의 규정에 위반하여 경비지도사를 선임하지 아니한 자
5. 제14조제6항의 규정에 의한 감독상 필요한 명령을 정당한 이유없이 이행하지 아니한 자
6. 제10조제3항을 위반하여 결격사유에 해당하는 경비원을 배치하거나 결격사유에 해당하는 경비지도사를 선임·배치한 자
7. 제16조제1항의 복장 등에 관한 신고규정을 위반하여 신고를 하지 아니한 자
8. 제16조제2항을 위반하여 이름표를 부착하게 하지 아니하거나, 신고된 동일 복장을 착용하게 하지 아니하고 경비원을 경비업무에 배치한 자
9. 제18조제1항 본문을 위반하여 명부를 작성·비치하지 아니한 자
10. 제18조제5항을 위반하여 경비원의 근무상황을 기록하여 보관하지 아니한 자

③제1항 및 제2항의 규정에 의한 과태료는 대통령령이 정하는 바에 의하여 시·도경찰청장 또는 경찰관서장이 부과·징수한다. 〈개정 2013. 6. 7., 2020. 12. 22.〉

④ 삭제 〈2013. 6. 7.〉

⑤ 삭제 〈2013. 6. 7.〉

제31조(과태료) ①다음 각 호의 어느 하나에 해당하는 경비업자에게는 3천만원 이하의 과태료를 부과한다. 〈신설 2013. 6. 7.〉

1. 제16조제1항을 위반하여 경비원의 복장에 관한 신고를 하지 아니하고 집단민원현장에 경비원을 배치한 자
2. 제16조제2항을 위반하여 이름표를 부착하게 하지 아니하거나, 신고된 동일 복장을 착용하게 하지 아니하고 집단민원현장에 경비원을 배치한 자
3. 제18조제1항 단서를 위반하여 집단민원현장에 일반경비원을 배치하면서 경비원의 명부를 배치장소에 작성·비치하지 아니한 자
4. 제18조제2항 각 호 외의 부분 단서를 위반하여 배치허가를 받지 아니하고 경비원을 배치하거나 경비원 명단 및 배치일시·배치장소 등 배치허가 신청의 내용을 거짓으로 한 자
5. 제18조제7항을 위반하여 제13조에 따른 신임교육을 이수하지 아니한 자를 제18조제2항 각 호의 경비원으로 배치한 자

②다음 각 호의 어느 하나에 해당하는 경비업자, 경비지도사 또는 시설주에게는 500만원 이하의 과태료를 부과한다. 〈개정 2013. 6. 7., 2024. 2. 13.〉

1. 제4조제3항 또는 제18조제2항의 규정에 위반하여 신고를 하지 아니한 자
2. 제7조제7항의 규정에 위반하여 경비대행업자 지정신고를 하지 아니한 자
3. 제9조제1항의 규정에 위반하여 설명의무를 이행하지 아니한 자
3의2. 제11조의2를 위반하여 정당한 사유 없이 보수교육을 받지 아니한 경비지도사
4. 제12조제1항의 규정에 위반하여 경비지도사를 선임하지 아니한 자
4의2. 제12조의2를 위반하여 경비지도사의 선임 또는 해임의 신고를 하지 아니한 자
5. 제14조제6항의 규정에 의한 감독상 필요한 명령을 정당한 이유없이 이행하지 아니한 자
6. 제10조제3항을 위반하여 결격사유에 해당하는 경비원을 배치하거나 결격사유에 해당하는 경비지도사를 선임·배치한 자
7. 제16조제1항의 복장 등에 관한 신고규정을 위반하여 신고를 하지 아니한 자
8. 제16조제2항을 위반하여 이름표를 부착하게 하지 아니하거나, 신고된 동일 복장을 착용하게 하지 아니하고 경비원을 경비업무에 배치한 자
9. 제18조제1항 본문을 위반하여 명부를 작성·비치하지 아니한 자
10. 제18조제5항을 위반하여 경비원의 근무상황을 기록하여 보관하지 아니한 자

③제1항 및 제2항의 규정에 의한 과태료는 대통령령이 정하는 바에 의하여 시·도경찰청장 또는 경찰관서장이 부과·징수한다. 〈개정 2013. 6. 7., 2020. 12. 22.〉

④ 삭제 〈2013. 6. 7.〉

⑤ 삭제 〈2013. 6. 7.〉

[시행일: 2024. 8. 14.] 제31조

부칙 〈제19021호, 2022. 11. 15.〉

제1조(시행일) 이 법은 공포 후 6개월이 경과한 날부터 시행한다. 다만, 제10조의2의 개정규정은 공포한 날부터 시행한다.

제2조(특수경비원의 당연 퇴직에 관한 적용례) 제10조의2의 개정규정은 이 법 시행 이후 60세가 되거나, 이 법 시행 이후 파산선고를 받거나, 이 법 시행 이후의 행위로 형의 선고유예를 받은 사람부터 적용한다.

저자 소개

박진용

- 중앙대학교 법과대학 법학
- 중앙대학교 법학박사(행정법)
- 중앙대학교 미래교육원, 경희대학교 출강
- 중앙대학교 산학협력단 연구원
- 법률사무소 바탕 장애인법연구소 소장
- 법무부 법무보호위원
- 한국법무보호복지학회 상임이사
- 한국재난정보학회 상임이사
- 한국에너지기술원 등 BF 심의위원

이재민

- (전)중앙대학교 미래교육원 공공경찰행정학과 주임교수
- 중원대학교 경호학과 특임교수
- 한국재난안전경영협회 부회장
- 한국법무보호복지학회 총무이사
- 한국재난정보학회 이사
- 법무부 법무보호위원
- 법무부 재소자인성교육 강사
- 청원경찰 채용평가위원

김태환

- 용인대학교 경호학과 교수
- 한국재난정보학회 회장
- 대한건축학회 방재위원회 위원장
- 서울시 건축위원회 방재부분 재난관련 연구평가위원
- 국립재난안전연구원 재난관련 연구평가위원
- 한국철도공사 전문심의평가위원
- 한국도로공사 건설기술자문위원
- 서울시 성능위주설계평가위원회 평가위원

박성면

- 한국재난안전경영협회 회장
- (전)중앙부처공무원(안전분야)
- 한양대학교 방재안전공학과 교수
- 행정안전부 재난안전평가위원
- 국토교통부 재난안전평가위원

혼잡 · 교통유도경비론

펴낸날 제1판 제1쇄 2024년 9월 20일
지은이 박진용 · 이재민 · 김태환 · 박성면
펴낸이 임춘환
펴낸곳 도서출판 **대영문화사**
주소 (본사) 사무실: 경기도 고양시 일산서구 주화로 70
우신프라자 307호 (우 10387)
(본사) 물류센터: 경기도 고양시 일산서구 덕산로
107번길 68-50 (우 10205)
등록 1975년 12월 26일 제3-16호
전화 (031) 913-3062, (031) 914-3884~5
팩스 (031) 913-3839
홈페이지 http://www.dymbook.co.kr

ISBN 978-89-7644-959-7
값 22,000원